别让借口害了你

张真慕/编著

中国商业出版社

图书在版编目（CIP）数据

别让借口害了你/张真慕编著. —北京：中国商业出版社，2015.8
ISBN 978-7-5044-9077-3

Ⅰ.①别… Ⅱ.①张… Ⅲ.①成功心理—通俗读物
Ⅳ.① B848.4-49

中国版本图书馆 CIP 数据核字（2015）第 182119 号

责任编辑：朱丽丽

中国商业出版社出版发行
010-63180647　www.c-cbook.com
（100053　北京广安门内报国寺1号）
新华书店总店北京发行所经销
北京毅峰迅捷印刷有限公司印刷
*
710×1000毫米　16开　14印张　200千字
2015年10月第1版　2015年10月第1次印刷
定价：32.00元
* * * *
（如有印装质量问题可更换）

前言
PREFACE

有人说，一个借口就是一个缺口，这个借口足以毁了一件事、一个人。但也有人说，一个借口能补一个缺口，这个借口能让你摆脱尴尬，避免伤害他人。的确，借口具有正反两方面的作用。

工作不能完成是因为"难度太大了，事情太多了，自己太忙了……"；人生没有成功是因为"没有人帮忙，缺乏资金……"最无厘头的借口是"命运不太好"。借口是可怕的敌人，是成功人生的窃贼。它会损坏人的性格，消磨人的意志，从而让人变得慵懒，让人最终一事无成。

在很多人的眼里，借口是一种推辞，更多是对责任的推脱。很少有人意识到借口的作用是多元化的，因为不是所有的借口都只会给人消极的暗示，有些借口的使用也会给我们

别让借口害了你

带来便利。

所以很多人只知道拒绝借口，但不懂得使用借口。另一方面，一个人在找借口的时候，会有怎样的心理反应，这种心理反应对我们又有哪些影响，很多人对其全然不知。

其实，借口是一门不太复杂，但很实用的心理学，一个人要是能彻底理解借口的心理学，就会多掌握一门了解自己、探索自己内心的工具，能消除拖延、杜绝懒惰，能消除胆怯、从容应对一些尴尬事，识别形形色色的人。

《别让借口害了你》从心理学的角度对借口进行了仔细、详尽的探索。总结了借口对人生所起的阻碍作用，用事实说明借口对生活的正面作用。希望读者能借用借口这个心理工具，尽快地爆发出潜力，有更多的时间来做有意义的事。同时，从借口中抢回更多的时间，保证自己高效率、更出色地完成工作，获得成功的人生。

目录 CONTENTS

第 01 章　找借口，人人在玩弄的小伎俩
为什么借口是那么的有用 / 3
借口是人们掩饰弱点的工具 / 5
因为自卫，借口是"情非得已" / 7
借口，往往是一种自我宽恕 / 10
因为害怕惩罚，所以使用借口 / 12
借口是源于内心的懈怠与冷漠 / 14

第 02 章　失败，都是爱找借口惹的祸
依赖借口会使一个人变得懦弱 / 19
遗憾往往都是借口酿成的 / 21
找借口有时就等于向失败投降 / 24
借口，只会让人再一次跌倒 / 26
借口只会让一个人走向失败 / 28
不要被借口定格在失败中 / 30

第 03 章　牢骚族，抱怨是借口的升级版
真没天理，为什么倒霉的总是我 / 35
抱怨是生活的一剂慢性毒药 / 37

抱怨，只会让事情更加糟糕 / 39
你在抱怨时，幸运已经转身 / 42
忍住抱怨，增强自身的实力 / 44
现实不会因为抱怨而改变 / 47
拿什么拯救满腹牢骚的人 / 49

第 04 章　戒了吧，借口一定会承载谎言

谎话很简单，仅仅是一个借口 / 55
借口，是为失败辩解的谎言 / 58
请不要为你的错误说谎 / 60
为什么不能用借口掩饰错误 / 63
拖延者往往活在欺骗之中 / 65
为何信誓旦旦却实际做不到 / 67
男人的借口女人不要信 / 69

第 05 章　拖延症，让你和成功后会无期

不要给自己找借口去拖延 / 75
越拖延，结果只会越来越差 / 78
不要借口琐事延误了大事 / 80
犹豫不决会让你两手空空 / 83
借口"等一等"，只会永远不能 / 86
我们为何陷入拖延的怪圈 / 88
远离导致你拖延的因素 / 91

第 06 章　惰性大，借口是最大的元凶

懒惰常由借口而滋生 / 97
懒惰的人总会借口拖延 / 99
不偷懒，做一个敬业的人 / 101

建立积极心态，赶走惰性 / 102
偷懒解决不了任何问题 / 106
勤奋的人不会找任何借口 / 109

第07章 留点心，看看谁正在找借口

找借口在语言中的信号 / 113
通过潜意识让借口露出破绽 / 115
注意找借口者的鼻子和嘴 / 117
一顿酒能看出谁在找借口 / 120
有些人为什么很难识别借口 / 122

第08章 没借口，做人太直会害死你

想要拒绝，不妨找个好理由 / 127
为难时，要寻找合适的借口 / 129
借口找得巧，说法给得妙 / 131
以"善意的谎言"为借口 / 133
找个借口，让对方缓解尴尬 / 136
谈判中常用借口来搪塞对手 / 138
为难的心理并不难表达 / 141

第09章 人际关系，我们该如何巧搭讪

运用各种各样的借口去搭讪 / 145
一个好借口，就是关系的突破口 / 148
把对方的心理卷入情境中 / 150
借口要起到暗示对方的作用 / 153
一学就会的电话搭讪方法 / 155
学会打开彼此的"话匣子" / 158
不同场景，搭讪借口应该不同 / 162

第 10 章　要快乐，就不要被困在这些借口上

"太忙了"，但你可以忙里偷闲 / 167

"太苦了"，但人生在于怎么活 / 169

"太穷了"，但幸福不是因为有钱 / 171

"太差了"，但烦恼是因为你在攀比 / 172

"太气人了"，但少一分愤怒就多一分快乐 / 175

"不快乐"，是你不愿伸手接住快乐 / 177

第 11 章　要作为，借口就要少一点

无地位，是因为有借口 / 183

不要找个借口逃避责任 / 185

不找借口，挑战自己 / 188

只有义无返顾才会成功 / 190

多想"现在"，少借口"明天" / 192

一心找办法，你就没有借口 / 195

立刻行动，在执行中收获成功 / 198

第 12 章　这样做，就能消除借口的顽疾

战胜爱找借口的自己 / 203

设立目标，你才会杜绝借口 / 205

将服从当作职场第一执行力 / 208

每天制定一张工作时间表 / 210

让热情赶走找借口的习惯 / 212

摒弃借口，要做个诚实的人 / 214

第01章
找借口，人人在玩弄的小伎俩

Chapter 1

　　借口的功用是巨大的，它能缓解内心的尴尬，能让自己逃避惩罚，能掩饰自己的脆弱，还能在做错事后对自己进行自我安慰。所以，找借口是一个普遍的心理现象，是人人都会玩的一种小伎俩。

为什么借口是那么的有用

人为什么会找借口？因为借口能够给人带来一些好处。因为有时候只要一个借口，往往可以免去一场灾难，推卸一个责任，拒绝一个要求，打击一下对手，避免一次责罚，还可以化解一场难言之隐，让自己不失面子。所以，在现实中，有些人往往不断寻找借口，把借口当做自己的甜点，只要需要就拿来用。

我们常常会遇到下面的情形：

"天哪，怎么又睡过头了！"周日晚上喝多了，吴正勇在周一就睡过了头，当他从睡梦中惊醒过来后来不及洗漱，就夺门而去上班了。

吴正勇气喘吁吁地推开会议室的门，销售主管正在对满会议室的员工大声地训斥着，每周例会已经开始了。

主管看见吴正勇低头往角落里跑，于是问道："吴正勇，怎么又迟到了？"

吴正勇不好意思地一笑，答道："今天真是倒霉，地铁发生了故障，突然停了，我们等了很长时间故障才排除。"

吴正勇这样说的时候，坐在旁边的小丽心里想："我和吴正勇是一路上下班，怎么我在七点半的时候没有遇见地铁故障呢，一听就是找借口。"

还好，主管像是听信了吴正勇的话，也没好意思再说他，继续往下讲。

吴正勇知道又逃过一劫，赶紧坐到角落的椅子上。

主管讲完之后，将目光转向她的销售助理陆晓婷："陆晓婷，请把上半年的销售统计报表给我，我给大家简单说一下。"

听了主管的话，陆晓婷一惊，因为她还没有做好这个报表，按照主管的要求，统计表现在应该交给主管。于是，陆晓婷笑着说："主管，不好意思，上个星期，我的电脑不知道怎么系统崩盘了，没办法只能重新安装系统，要重新做销售报告，还差一点，就快完了，我下午就能给您。"

别让借口害了你

坐在旁边的吴正勇听了心里暗笑,他知道陆晓婷明显是在找借口,因为他办公的位置就在陆晓婷的旁边,他这几天只见到她在偷偷玩游戏,就没有听到她说电脑崩盘了,因为他了解陆晓婷,要是电脑崩盘,她一定会大叫起来的。

主管脸一沉:"我经常跟你们说,要定期给电脑检修,并且对重要的文件要备份,你看这一崩盘会耽误多少事呀?陆晓婷,你赶紧做,下午一定把上半年的销售统计表给我?"陆晓婷赶紧点头,不再说话——一个借口又把主管给糊弄过去了。

就在这个时候,主管的手机响了。主管走到会议室外,接通了电话,大家听到主管在和人通话:"喂,张老板,你好,你好!今天到我这来取支票?实在不好意思,我这几天都在上海出差,得过几天才能回去。等我回去了,喂喂喂,怎么没有信号了?"

在上海?没信号?这不是睁着眼睛说瞎话吗?众人面面相觑。

心理学研究发现,只要一出现问题,不论是什么时间、什么地点、什么场合,人们都会习惯性地寻找各种合理的借口来为自己开脱。找借口的人原因各有不同,可能有难言之隐,可能是做错了事情,可能是推卸责任,可能想拒绝他人,也可能是想挤压对手,但大都是为了一个目的——给自己开脱,逃避惩罚,逃避责任。

心理学家注意到了这种现象很普遍,他们从心理的角度分析得出一个奇怪的现象:人从出生开始,就逐渐学会找借口,就像学习走路一样正常,并且发现在用借口后,不仅不会遭到惩罚和训斥,反而会得到同情甚至特殊优待,有些人就会更努力地找借口,找借口的行为就会持续出现,并且出现的场合越来越多。也就是,人不是天生就知道借口的"力量"是巨大的,都是通过第一个借口得到了益处后经验的总结。人们通过总结自己第一次无意有意的欺骗行为以及他人的欺骗行为来学习如何找借口,当一个人看到自己或身边的人因为找借口而躲过惩罚,甚至获得同情的时候,就清楚了借口的好处,这样,就学会了找借口,会加大找借口的频度。很多人明白,与其如实交代,不如动动脑筋,找找借口,这样可以让自己摆脱困境。

案例中的吴正勇和陆晓婷可能会互相借鉴找借口的经验，而主管的借口又给全体员工提供了找借口的样板。从某种程度上说，借口是相互"借鉴""提高"的。比如，要是主管不信"地铁出现故障"、"电脑崩盘"，那么，以后就没有人敢用这个借口了。当然，那些爱找借口的人会挖空心思找让主管信服的借口——很多人就是这样在借鉴中提高了借口的水平。

于是，在看到他人或自己尝到借口甜头的人，他们在心里往往会这样想：借口这样管用，到时候我也可以用用。于是，当他们不想做某事的时候，或者犯了某个错误的时候，于是就去找个借口搪塞，借口有了，让自己从困境中解脱出来，或者顺利逃脱了责任。借口可以将事情往有利于自己的方向推进。如果借口找得得当，即使是因为自己酿成了灾祸要接受惩罚，处罚往往也是比没有借口要轻。一个借口，成了保护自我的良药。

另外，有些借口确实能起到删繁就简，避免给自己招来麻烦。有时候甚至能让你攻克办事的难关，但前提是你的借口要合情合理。

所以说，借口的力量是巨大的，使用具有一定的普遍性，我们一定要了解借口的心理内涵和作用，正确地使用和拒绝借口。

借口是人们掩饰弱点的工具

有一位人类心理学家在他的调查报告中指出：人类行为上所表现出来的对自身或事物的不满，绝不是没有根据的，在人的内心一定有心理因素，比如存有极大的不安。每个人应该都遇到过，自己负责的工作与其他人负责的重叠，这是最容易发生摩擦的情况。比方说：

小杨没有将自己的工作做好，上级为了帮助小杨，就让小杨的同事去帮小杨做好工作。

但是，小杨没有处理好工作，心里总处在忐忑的状态中，觉得不被上司信任，会认为自己的能力受到上司质疑，甚至怀疑有人要趁机整他。于是，他的心里七上八下，整天处在不安之中。

因为小杨先有了那样的想法，他就不会和善地对待来帮他的同事，他之后的行为甚至让他的这位同事感受到敌意，两个人的关系闹得很僵。事后发现，其实公司只是让这位同事帮小杨的工作善后，并没有别的意思，是小杨想得太多了。

从心理学的角度看，小杨没有处理好自己的事务，以至于心虚想要掩饰自己的不足，进而产生自责，但又不愿意面对自己的缺失，因为自己的缺点摊在同事面前，会让他很难堪。

很多人可能会遭遇类似这样的局面，但遗憾的是，很多人不能把精力放在如何处理事件上，而是找借口为自己开脱。比如，为了掩盖自己能力的不足，小杨会拒绝同事对事情的合理的建议，千方百计地掩盖自己的失误和不足。这样，借口自然就成了小杨掩饰弱点的工具。

这样的现象我们常常见到，走在商场里，我们经常会听到有些店员抱怨爱挑剔、不好伺候的顾客。顾客不好伺候是事实，但是不是每个店员都有这样的抱怨。顾客不好伺候，可能是店员的服务不到位，他们是在用借口掩饰自己的服务质量低、态度差。心理学研究表明，当一个人不愿意承认弱点时，通常会以很巧妙的借口加以掩饰。心理学上将这种借口统称为"合理化"理由。比如，一个人吃不到葡萄，就会说葡萄是酸的，吃不到也就顺理成章了，这就是为了掩饰弱点而寻找的"合理化"借口。其实，吃不到葡萄，可能是个子矮够不到，也可能是自己人品不好，葡萄的主人不愿馈赠与他。

这样合理化的借口很常见，这是许多失败的人具有的一种共同的性格特征，他们知道失败的原因，并且有着他们认为合理的借口。一个心理学家总结了一份为掩饰弱点而寻找的借口，他将这些借口按照使用的频度从高到低排列，我们可以通过这些借口，对照自己的行为，看看哪些是自己常用的。位于前十位的借口是：

如果我有充裕的时间……

如果不是忘记了……

如果我有很多钱……

如果我没有子女之累……

如果我有足够的靠山……

如果我受过大学教育……

如果不是事情太多……

如果我身体没有毛病……

如果不是天……

如果不是没有赶上机会……

其实，这些不仅是我们经常听到的别人说的借口，也是我们自己经常找的借口。其实仔细想想，事情真的和这些因素有关吗？其实不是，这些原因只不过是一个借口罢了，往往是一个弱者没有勇气正视自我和看清自我的无力辩解。

一位哲学家说道："当我发现别人最丑陋的一面正是我自己本性的反映时，我大为惊讶。"艾乐勃·赫巴德说："为何人们用这么多的时间制造借口以掩饰他们的弱点，并且故意愚弄自己。如果用在正确的用途上，这些时间足够矫正这些弱点，那时便不需要借口了。"

所以，我们不能忽视生活中因各种借口造成的消极心态，因为借口会像埃博拉病毒一样毒害着我们的灵魂，并且互相感染和影响，让人进入借口的漩涡，极大地阻碍着我们正常潜能的发挥，使很多人丧失斗志，消极地面对困难。

因为自卫，借口是"情非得已"

心理学表明，在人的心理活动中，普遍存在一种心理自我保护机制，其功能类似生理上的免疫系统，只不过心理自我保护机制保护的是精神系统。心理学家认为，人寻找借口推卸责任，实质上就是心理的一种自卫。

别让借口害了你

从人的成长特点来看，5岁左右属于半被动半理解责任的阶段。因此，孩子从5岁开始就学着推卸责任了。实验表明，当人们由于某种外在刺激将要或已经陷入紧张焦虑状态时，这种心理自我保护机制就会启动，从而减轻或免除内心的不安与痛苦。也就是说，喜欢找借口的人，往往是在心理自我保护机制的驱使下萌发借口，对于借口能给人超强的可信度，一般是需要经验的积累才能得来。

在日常生活中，我们经常会听到各种各样的借口。如果上班迟到了，会有"路上车坏了"、"看错时间了"等借口；如果做生意赔了，会有"没有人指点自己"、"市场大环境不好"等借口；如果工作业绩差，会有"同事不配合"、"领导不支持"等借口……只要有心去找，借口无处不在。最为常见的找借口的缘由就是为了推卸责任。很多人在工作中遇到问题的时候，会寻找各种各样的借口来进行开脱，久而久之，甚至成了一种找借口的习惯。形成习惯之后，就会形成每个人都努力去寻找借口来推卸自己本应承担的责任的局面。

在某公司的年终总结会上，一场别开生面的借口大战展开了。

营销部的王经理说："今年一年我们公司的销售业绩不理想，我们都有责任。但主要原因在于竞争对手推出的新产品比我们的产品性能要好很多。"

研发部的李经理总结道："我们这一年推出新产品比较少，是由于我们的研发费用太少。就是这些少得可怜的预算，还被财务部门削减了。巧妇难为无米之炊啊。"

财务部张经理马上插话道："公司采购成本都在攀升，为了公司的发展，我们只能节省预算呀。"

采购部刘经理马上站了起来说："是的，我承认采购成本上升，但是主要是由于原材料价格上升，人力成本上升。"

最后大家纷纷点头，好像终于找见了源头，大家异口同声地念叨："原来如此。"言外之意就是大家都没有责任，形势使然。

把业绩归于自己，把过错归于他人，这是寻找借口最常用的方式；责任面前，绕道而行，这是趋利避害的表现。这样的局面经常在各个企业内上演。当公司运转出现问题的时候，各部门不是先反思自己没有做好，而是赶紧去想如何找借口，把责任推到哪个部门。结果就是，相互推、互相扯、互相指责。在这些人的心里，秉承这样一个理念：责任能推就推，事情能躲就躲，借口能找就找。最后只能是问题依然是问题，一个烂摊子继续不死不活地呻吟着。

纵观现代职场，勇于承担责任的人真是不多了，那些曾经喜欢承担责任的人，天长日久甚至也学会了转移责任，并美其名曰"风险转移"。因为在很多人看来，责任可以避免引火烧身，把自己撇干净，就不会有什么麻烦。真的是这样吗？一个缩头缩脑的人，一个不能把问题妥善解决的人能蒙混一时，绝对不能蒙混一世。

袁道如在一家电子产品公司工作，他是该公司销售部的总经理。有一次，他得知了一个内部消息，在南方出现了一些麻烦，需要销售部门负责人去那里处理，公司高层近期就会决定这件事。南方这个难缠的麻烦非常棘手，要想妥善处理很不容易。袁道如怕处理不好担当责任，他想找一个合适的借口把这件事推掉。于是，他马上向公司请了病假，说自己不舒服。

第二天，公司高层召开会议，商讨南方问题的解决方法，"恰好"销售部经理袁道如不在，最后只好把去南方解决的任务交代给袁道如的助手，让他有不明白的事情去找袁道如。当袁道如的助手打电话向他汇报此事的时候，袁道如说自己病得很严重，让助手全权处理吧。

果然不出所料，经过一番努力，南方出现的问题不但没有解决好，矛盾还进一步升级。公司高层知道后，非常恼火，要追究负责人的责任。袁道如怕这件事的责任落到自己的头上，于是找到了公司领导，主动说："这件事没有处理好，真是太让人生气了，要不是我那段时间生病了，应该不会这样。一切都是助手自作主张，带人去处理的，他所做的事情我都不清楚。"

按袁道如的想法，助手去南方，是领导指派的，出了事，让领导顶着理所当然，倘若自己来承担这件事的责任，恐怕后果不堪设想。袁道如的

别让借口害了你

一番推脱,让公司领导产生了怀疑。于是叫来助手,询问具体情况,助手如实阐述,公司领导对袁道如的人品产生了怀疑,觉得他是一个喜欢推却责任的人,长此以往,必将影响公司的团结和业务发展,所以很快就把袁道如从销售部经理的位置上拿了下来。

其实,不管一个人的借口,多么冠冕堂皇,归根到底就是不想承担责任,想让别人把责任承担下来。找借口的心理可以理解,但是找借口的行为却让人不齿。借口让我们能够暂时逃避责任,可是,如果每个人都努力寻找借口来推卸自己本应承担的责任,问题永远不会解决,公司发展也会举步维艰。

心理学实验发现,人为了推卸责任而找借口,与人数参与的多少有很大的关系。也就是说,一个项目参与的人越多,每个人所负担的分量就越轻,大家就有依赖心理,责任感也就越弱。

所以,关于找借口推卸责任的情况,责任人要反思,分配责任的人同样要反思。千万不要犹豫,分辨不出团队内部谁尽职尽责、谁浑水摸鱼,如果那样的话,就算问责到责任人头上,对方也会找借口,因为这是人很自然的防卫心理。

借口,往往是一种自我宽恕

心理学家做过这样一个调查,他们问很多人同一个问题:"你觉得自己是坏人吗?"大多数人都会说:"不是。"而且他们从内心深处真的是这么认为的,甚至连那些杀人犯,他们也很少觉得自己就是一个坏人,他们能找出各种各样的借口为自己开脱。

大多数人都不认为自己是坏人,这是生活中很普遍的一个现象,即使自己真的做了坏事,也会为自己找到看似合理的借口,或者下意识地把责任归咎于别人。这就是人人都在用的"自我宽恕定律"。

第01章 找借口，人人在玩弄的小伎俩

在生活中，许多人寻找借口，不仅仅是怕承担责任，而是从心底里觉得自己就是没有错，错的是别人。

一个恶魔杀人犯一连杀了很多人，终于被抓住了，他真的会觉得自己错了吗？不，多数杀人犯不会觉得是自己错了，反而觉得是社会不公造成的。他出身寒苦，觉得上天对他很不公正；他没权没势，觉得现实对他不公。他是为寻求"公正"而去从事铤而走险的活动。所以，才会有在黑社会里，带头大哥被人前呼后拥，以"英雄"自居，以"皇帝"自比，没有半点罪恶感，没有半点廉耻心。

一个惯偷偷窃了厂里的财物后被抓，他会觉得自己错了吗？不，多数这样的小偷不会觉得自己错了。他会理直气壮地说："我偷的是公家的，又不是某个人的！"

一个抢劫犯抢了富翁后被抓，他会这样为自己辩解："谁让他这么有钱？他的钱也一定不是从正道来的，我抢他是劫富济贫？"

这些罪犯为自己找各种各样的借口，就是自我宽恕定律在作祟。

我们不是罪犯，但是在现实生活中我们每一个人对自己的错误，都有这种自我宽恕心理倾向。

两个人因为发生口角，最后动起手来。打人的说："谁让你骂我，你骂我，我就打你的嘴！"骂人的说："谁叫踩了我的脚？踩了人家的脚你还有理了？你必须道歉，不道歉我骂死你。"

夫妻之间吵架，男的说："我出去应酬还不是为了这个家？你倒好，跑到我公司里去闹！"女的骂："应酬！应酬！晚上应酬，白天你也应酬啊？你跟你的秘书搂搂抱抱的也是应酬吗？"都觉得自己委屈，都觉得对方太不理解自己。

这都是因为人性有个根深蒂固的缺陷：容易发现别人的错误，很难看到自己的缺点。即使自己身上有缺点，也会进行自我宽恕。比如，我们不喜欢别被人评头论足，可是我们自己却喜欢背后议论他人。别人的自私，我们一目了然，反应强烈。对于我们自己，我们总是视而不见。

当和别人发生冲突时，我们总是很难站在客观的立场上审视对错，而

别让借口害了你

只是站在自己的立场上，认为和自己有冲突的人就是不对。其实，站在对方的立场，可能对方也正是这样看你的，你是别人眼中的"坏人"！

荀子说："吾日三省吾身。"就是号召我们经常反省自己，发现自己的缺点并改正之。不要总是站在自己的立场上，到处找借口，宽恕自己，苛刻别人。

所以，在平时，我们不要与他人太过计较，也不能太放纵自己。只有这样，我们才能进步，才能完善自我，与他人的关系也会变得更加和谐融洽。正所谓"以责人之心责己，以恕己之心恕人"。如果我们能以这样的态度对人对事，那么就能化隔阂为理解，化干戈为玉帛。《菜根谭》里说："人之过误宜恕，而在己则不可恕；己之困辱宜忍，而在人则不可忍……责人者，原无过于有过之中，则情平；责己者，求有过于无过之内，则德进。"意思就是对待自己要严苛，对待别人要宽容。要做这样的人，首先就是不要再到处找借口进行自我宽恕了。

因为害怕惩罚，所以使用借口

根据心理学家的研究发现，人常常为了逃避某些意外造成的或可能造成的惩罚，编造借口、歪曲事实，以借口掩盖错误来达到保护自己的目的。

张窍和李云峰是两名运输人员，他们俩在生活中是好朋友，在工作上是好搭档。老板对这两名员工很满意，然而后来发生的一件事情，却让老板改变了看法，也让他们二人从此成为路人。

事情的经过是这样的：老板让张窍和李云峰把一件贵重的瓷器送到码头，客户会在那里等待，老板反复叮嘱他们，路上一定要小心，因为这件瓷器非常贵重。而且要按时送到，否则就会扣他们当月的奖金。没想到送货的车在快开到码头的时候却抛锚了。

第01章　找借口，人人在玩弄的小伎俩

为了能够准时赶到，张窍二话不说，背起瓷器，一路跑向码头。李云峰在旁边紧紧跟随，终于在规定的时间，他们赶到了码头。到码头后，李云峰说："我来拿着，你云找一下顾客吧。"李云峰是一个很有心机的人，心中暗想：如果客户知道车子抛锚了，是我把瓷器背过来的，无意间把这件事告诉老板的话，那老板一定会对我另眼相看。他只顾着做自己的美梦，当张窍把瓷器递给他的时候，他没拿稳，"哗啦"一声，瓷器掉在了地上，碎了。

李云峰先发制人，大声喊道："你怎么回事，不等我接住你再放手。"

张窍说："你明明伸出手了，我都放到你的手上了，明明是你没接住嘛。"他们心里都很清楚，瓷器碎了意味着什么。他们不仅要失去工作，还要承担赔偿责任。

回到公司之后，李云峰趁着张窍不注意，偷偷地先溜进老板的办公室，对老板说："老板，不是我的错，是张窍太不小心了，没等我伸出手他就放手。"老板平静地说："好的，李云峰，情况我清楚了。"

接着张窍走进了老板的办公室，把事情的原委叙述了一遍。最后说："这件事是我们的失职，我愿意接受惩罚。另外，李云峰是我多年的朋友和搭档，家境不太好，责任就让我一个人承担吧。"

老板把他们二人叫到了办公室，对他们说："我们决定请张窍担任公司的运营部经理。李云峰，从明天开始你就不用来上班了。"

"为什么？"李云峰问。

老板语重心长地说："我不喜欢一个到处找借口逃避惩罚的人，其实，购买瓷器的顾客已经看见了你们俩在码头的全部情况，跟我说了这件事儿。"

其实，任何人都清楚，一个能够勇于承担责任的人，是多么的难能可贵。一个逃避责任和惩罚到处寻找借口的人，是多么的令人厌恶。问题出现后，找借口体现了一个人责任感的匮乏。

心理学研究发现，人喜欢对自己有利的信息，不喜欢或排斥那些对自己有害的信息，这是人人都有的心理倾向。于是当出现问题的时候，就会自己寻找借口，逃避惩罚，把自己保护起来。

在生活中，为了逃避惩罚而找借口的事情经常会出现。孩子们为了避

> 别让借口害了你

免父母对自己的训斥、老师对自己的训斥，会想出各种借口进行逃避。当他们使用借口之后，真的避免了惩罚或打骂，就会情不自禁地第二次使用，他们认为这是骗过父母和老师最好的方法。

心理学家认为，借口是一种社会生存机制，是人与人之间相互交往过程中必然要出现的东西。在实际中用借口保护自己的人有很多，这些人在进行自我保护的时候，其实内心都充满了恐惧，害怕自己被淘汰，被看穿，被伤害。

伦敦大学心理学系教授霍恩斯曾说过："用简单的借口打断对方的进一步询问，可以保护自我隐私和真实想法，不至于陷入某种是非之中；另一方面，也是因为人们彼此冷漠的人际关系，让人心生防备，借口是出于自我保护的需要。"

借口是源于内心的懈怠与冷漠

很多人爱找借口，是源于内心的懈怠和冷漠。他们不想去努力，不愿意燃起热情，因而在遇到困难的时候，会随便找一个借口来搪塞。不管这个借口合适不合适，有用没用。

在研究借口的形成原因时，美国马里兰大学教授门瑟·奥尔森发现这样一个现象：一个团队的成员越多，以相同的比例正确地分摊集体物品的收益与成本的可能性就越小，所以做事懈怠的可能性越大，因而离预期中的最优化水平就越远。这个发现就可以解释"三个和尚没水吃"、"人多瞎捣乱，鸡多不下蛋"的现象了。这种现象的产生，有着深刻的心理依赖和推脱，从而就形成借口。比如，"人多瞎捣乱，鸡多不下蛋"，这就是借口的本源：一方面，有人想依赖别人，这反映出找借口者做事懈怠的一面；另一方面，人们会互相推脱，这反映出找借口者冷漠的一面。

1920年，德国心理学家黎格曼做了这样一项实验：他请工人尽力拉弹簧，并测出他们的拉力。

他让参加者先独自一人拉，再让他们3人一组拉，最后让他们8人为一组拉。

通过拉力测量发现，一个人拉时，他们的平均拉力可以达到63千克；当3人一组拉时，他们的人均拉力约为53千克；当让他们8人一组拉时，他们的人均拉力只有31千克。为什么多人在一起拉，他们的人均拉力越来越小呢？黎格曼把这种个体在团体中较不卖力的现象称为"社会懈怠"。

为什么会出现这种情况呢？你要是询问参与者，参与者会找借口说团体中有人没有尽力工作，为求公平，他们自己也就减少努力；也有人找借口说个人的努力对团体微不足道，或是借口团体成绩很少一部分能归于个人，个人的努力难以衡量出来，与集体绩效之间没有明确的关系，所以就顺理成章减少个人努力，或不全力以赴。所以，借口的产生，往往源于对事情的懈怠。三个和尚为什么没水吃？就是互相推诿造成的，这是没水吃的本质原因。

借口除了因为懈怠而产生，还会因为冷漠而产生。因为冷漠，人们常常会随便找借口搪塞他人。就是在人命关天的紧急关头，很多人还不忘找个借口为自己开脱。

孔子说过："见义不为，无勇也。"见义勇为是一种传统美德，可是在今天的社会中，见义不为、见死不救、冷漠旁观却成了经常发生的现象。对这种现象，社会上是一片道德谴责之声，但却不能减少它发生的次数。如果你去采访见义不为、见死不救的人，他们能说出一大堆的"理由"来为自己的行为开脱。

1964年3月的一天，在纽约的某个公园发生了一起震惊全美的谋杀案：在凌晨3点，一位年轻的酒吧女经理在回家的途中被一名杀人狂拦住。杀人犯作案时间长达半个小时之久，当时，住在附近的住户中有38人看到或听到被杀女子被刺的情形和反复的呼救声，但没有一个人来帮一下她，也没有一个人及时打电话报警。事后，美国大小媒体同声谴责这些人的冷漠，但是这些冷漠的人却各有各的借口。

别让借口害了你

面对这一事件,心理学家巴利与拉塔内进行了一项实验。他们找来72名不明真相的参与者,以一对一或四对一两种方式,与一假扮的癫痫病患者保持距离,使用对讲机进行通话。在交谈过程中,当那个假扮的癫痫病患者大呼救命时,事后的统计数据出现了有意思的一幕:在一对一通话的一组,有85%的人采取行动,呼喊病人发病了;而在有四个人同时听到假扮的癫痫病患者呼救的那组,只在31%的人采取了行动,呼喊病人发病了。

后来,他们把这种现象叫做"旁观者介入紧急事态的社会抑制"。他们认为,正是因为一种紧急情形有其他的目击者在场,才使得每一位旁观者都无动于衷,这是他们找借口的最主要的理由。旁观者冷漠的产生主要因为社会责任被分散、个人不能确定该怎么做,因此想看看在场的其他人会怎么做,自己再决定怎么做——这样的借口是整个社会普遍存在的现象。

很多人认为,借口是语言性的,但不尽然,源于内心的懈怠与冷漠而滋生的借口,往往是隐形的,它只对自己的心理起到某种暗示,而这种暗示最能左右人的行为。

第 02 章
失败，都是爱找借口惹的祸
Chapter 2

有些借口是一个失败的开始，因为很多人之所以找借口，目的就是为了逃避困难。有些借口是极其消极的，比如"这太难了"、"我不行"、"老天不帮我"等等，这些借口会对人的心理有消极暗示，从心理上消磨人的斗志，所以，人生的很多失败都是因为爱找借口。

依赖借口会使一个人变得懦弱

对于生活和工作，我们总是抱怨，或者过于乐观；对于未来，起初我们有着美好的蓝图，但当现实逐渐显露的时候，幻想就会逐渐破灭。于是，我们借口妥协、放弃，人变得斗志全无，懦弱不堪。

借口让人们把精力全部集中在未知的危险上，把潜在的危险放在显微镜下研究，最终造成了心理上的过分恐惧。怯懦的人被恐惧"劫持"，他们畏惧未来的一切。"万一错了，我会不会失去工作""就算我竭尽全力，也不一定会成功""如果我没有成功，大家都会嘲笑我"……这些借口让人失去了对未来的勇气，同时也让自己被惴惴不安的情绪压垮。

借口会助长恐惧的心理，借口会让怯懦者更加怯懦。而如果尝试着勇敢起来，哪怕只勇敢地尝试一次，人们就能发现勇敢并没有想象中那么难。

美国总统艾森豪威尔讲述过对他影响最深的一段经历，这段经历告诉他，只要鼓足勇气，令人胆怯的事物并不像他想象的那么可怕。

他5岁的时候去叔叔家玩，叔叔家的院子里养了一对鹅，大公鹅一看见他，就怪叫着向他扑来。他吓得跑进了屋子，大哭起来。

受了惊吓之后，叔叔给他找了一个旧扫把，然后教他用扫把去打败那只公鹅。艾森豪威尔很害怕，但在叔叔的鼓励下，还是战战兢兢地走到了大公鹅面前，壮起胆子，向大公鹅打去。公鹅挨了打后，再也不敢对着艾森豪威尔怪叫了。

在生活中，令人心生胆怯的事物非常多：因为害怕失败，所以放弃尝试；因为害怕受到他人的批评，所以放弃表达自己的观点；因为害怕失去

别让借口害了你

财产，所以不愿尝试新的生活方式；因为害怕失去爱，所以不愿对爱人坦白自己的缺点……这些借口都让我们最终成为怯懦的人，不敢尝试、不敢创新，只能拘泥在已有的生活中，最终逼迫自己走向了贫穷和失败。

为什么人们会用如此多的借口来伪装自己的怯懦呢？因为人是依靠经验对未来进行判断的生物。每个人都有这样的经历，当我们还是孩子的时候，父母一句无心的责备，会让我们伤心很久；上学之后，我们偶尔的一次尴尬经历，都有可能成为同学们嘲笑的话柄；参加工作后，我们开始在意别人的评论。这些从小到大的经历，都成了我们行动的阻碍，我们害怕再次被他人批评，再次遭遇失败。而当我们成长为具有理性分析能力的个体，不再是依赖父母的孩子，就能发现，这些成长经历中的不愉快，大多不是当事人针对我们故意而为之的，绝大部分都是在一种无意的状态下发生的。

这些被嘲笑、被拒绝的经历让我们变成缩手缩脚的人，但是理性的力量完全能够帮助我们战胜这些心理阴影。当我们要发表言论，却害怕被人批评时，应该回想一下上次发生这样的事情是在怎样的环境下，而现在自己要讨论的问题和环境是否与上次相同。最重要的是，明确上次被大家否决的观点存在哪些问题，然后告诉自己，只要在这次讨论中避免这些问题，情况就会好转。

拿破仑的名言是："我成功，因为我志在成功。"如果没有必胜的信念，人就会被"我害怕失败"的借口征服。所以，不要给自己任何借口，就能摆脱怯懦，战胜那些曾经困扰自己的经历。做一个勇敢的人，向着人生目标不断前进，并最终成功。

生活中的问题就像一座云雾缭绕的高山，山脚下的人们抬头仰望，既不知道前面还有多远的路要走，也不确定漫长的路途上暗藏着哪些危险。不给自己找借口的人，会勇敢地开始跋涉，他们可能遇到危险，但最终会登上胜利的顶峰；给自己找借口的人，因为他们内心对未来存有恐惧，会告诉自己"我看不清前面的路"，"我可能因此丧命"，"我的体能没有这么好"等。给自己找借口的人，只能终生驻留在山脚下，直到白发苍苍，依然不停地徘徊。

遗憾往往都是借口酿成的

借口给人带来的负面效应是多样的，有人打了一个比方说，喜欢找借口的人就像温水煮青蛙。辰奈大学做过这样一个实验：把一只活的青蛙扔到沸水锅里，它会迅速跳出锅而顺利逃生；但是，如果把青蛙放在冷水锅中，再对冷水缓慢地加热，青蛙就会继续怡然自得地待在锅里，直到水温升高到足以致命，它再想逃生时，热水已经将自己煮熟了，想要逃生已经来不及了，只能坐以待毙。对于人来说，借口就是这锅冷水，它能纵容人的惰性蔓延，让人忽视自己潜在的危险，抱着得过且过的懈怠心理，但当发现危机降临的时候，就已经来不及了，只能惨遭灭顶之灾了。

当然，借口不见得都会给人带来灭顶之灾，但人生的很多不如意，往往都是借口造成的，让人留下很多遗憾。

夏善强在一家公司做销售已经十几年了，业绩一直都不错。有一天，他负责的一笔订单突然被别的公司抢走了，上司来询问情况，夏善强借口说，他腿上的旧伤复发了，比竞争对手晚到了一个小时。上司看他以往的业绩都不错，且腿伤也是几年前出差时弄伤的，就没有对他加以过多的责备。其实，夏善强那天只是因为自己起床晚了，耽误了工作，他的腿伤完全不会影响他的行动，也不会给工作带来不便。自此，夏善强发现了让自己清闲起来的秘诀，只要一有比较艰巨的任务，他就以腿伤为借口，告诉上司自己不能胜任。

此后的半年，夏善强发现，不但腿伤是个借口，孩子生病、家里装修等，都可以成为迟到早退、不按时完成任务的借口。就在夏善强暗自为自己"英明"的举动高兴时，公司的裁员大潮开始了。领导把他叫到了办公室，对他说："我知道你为公司负过伤，以前也干得不错，可是近一年来，你的业绩几乎为零，所以，你被解雇了，不要对我做任何解释，这一年

别让借口害了你

来，我已经听得够多了。"

这就是夏善强为每一天所使用的小借口付出的大代价，那些看似不起眼的小借口，让人觉得危害不大，因为并没给人制造更多麻烦，但如果长此以往，哪怕一个小小的借口也会酿成大遗憾：它会彻底改变外界对你的看法，认为你是一个不能承担责任、做事不力的人。在竞争的时候，这样的印象不但会让一个人错过更多的发展机会，还会让人遭到淘汰。

在上海的一家医院，每个月都会遇到这样的病人：他们已经人到中年，肩负着家庭的重担，却还在公司的底层挣扎。这些人最常说的话就是："为什么我踏踏实实地做了几十年的工作，现在还是一个普通职工。那些学历比我低、能力比我差的人，都已经成了我的领导。"这些人不断向医生诉苦，陈述他们在一个岗位上如何辛苦干了几十年，埋怨领导对他们的贡献视而不见。

心理医生通过进一步了解发现，这些人不是因为有病才来医院的，而是另有原因。让我们来看看杨德勇医生在《随医日记》中的一段记录，这让我们发现了这些病人的人生悲剧的根源：

今天我又遇到一位奇怪的患者，我怎么检查也检查不出病因，和很多同龄人一样，他不停地抱怨单位不给他展示才华的机会。为了详细了解他的情况，我让他细细地把自己的烦恼说出来。我问他："老哥，您能详细说说自己所受到的不公正待遇吗？"

"可以，杨医生，我就和你说说前些日子的事，单位要派我去海外营业部工作，您想想看，像我这样的年纪，能到条件那么差的南非去工作吗？"病人在说这件事的时候，情绪非常激动。

"可是，老哥，去南非虽然很远，那里条件很差，天气也很热，但是，这可能就是单位给你展示才华的机会呀？"

"机会？我都奔五十的人了，孩子都上大学了，我干嘛要这样辛苦呢？去南非，这些都应该是二十几岁的小伙子做的事情，我可不认为这是机会，我已经这么大岁数了，这肯定是有人想整我。"

"那么您是怎么回复单位的呢?"

"我告诉我的领导,我有高血压,不适合到这么远的地方去工作。"

"我不这么认为!假若您的身体状况并不好,那么你可以降低一下对自我的要求,在单位做一些闲差也不错,您知道,您现在在做管理,压力很大,这或许对您的身体并不好。"

"医生,我的病并不严重,这只是我的一个借口,这样他们就不会派我去南非了。"

原来这位病人不是真的有病,他和我所见过的所有一事无成、牢骚满腹的病人一样,并没有什么真正的疾病,只不过他们总是为自己寻找借口,这些借口才是他们人生不得志的根源。

显而易见,一个个随意的借口,看似不会给一个人带来什么负面影响。但是,这些借口累积起来就会造成人生的大遗憾。就像杨医生日记中的那位病人,他之所以失意,就是因为喜欢找借口。找借口不去南非,可能是拒绝了单位给予自己的机会。在这个人的一生中,这样的拒绝可能不止一次。所以,我们不要抱怨人生中的那些遗憾,而是要谨防借口,不让借口酿成遗憾。

不思进取的人常常会为自己找借口,借口可能都是微不足道,如因为没有时间而缺席会议,因为心情不好而推卸掉出差的任务,因为孩子闹心而不认真工作等。假如一个人老是将这些借口挂在嘴上,那是非常可怕的,杨医生所描述的那位病人的样子就是喜欢找借口者的翻版:一辈子碌碌无为,借口只会换来临时的舒适,但最后的人生结局却是一事无成。

借口不会使人走向成功,它只会在无形中慢慢地麻痹人的斗志,让人一次次地错失良机,最终酿成莫大的遗憾。因此,我们要杜绝一切借口,只有这样我们才能告别遗憾。

别让借口害了你

找借口有时就等于向失败投降

任何一个成功人士绝不会向失败和困难投降,更不会给自己的失败找任何的借口;没有打击和困难的人生是不存在的,任何人面对困难和逆境,都可以伤心、悔恨,但唯独不能用"我不行"作为借口,丧失继续前进的勇气和决心。相反,成功者在遇到困难时定会抛弃借口,总结教训,奋力前行。

为自己找借口,就等于向失败投降。这不难想象其中的道理:当我们遇到阻碍时,如果一个人心理上畏惧不前,首先想到的是退缩,那么等待他的只有失败。"不可能"、"我不行"这些最常用的借口,就像一个枷锁,它禁锢我们的勇气、信心和智慧,左右我们的情绪,最终让可能的光荣永远与我们无缘。所以,我们要学着躲避这个枷锁。成功永远没有绝对的不可能,只有相对的不可能,但当你为自己的失败找各种各样的借口时,那么你就没有成功的可能了。

盘点人生的很多成功的条件,最给力的不是物质和金钱,而是没有任何借口,一如既往地去做。

2002年,在《卫报》上有一则这样的广告:《卫报》要招募两名年轻人让他们进行环球旅行,但是,报社只会支付3000美元的费用。"用3000美元环游世界,这简直不可能!"没有多少人认为这是一项可以完成的任务,因为交通费、住宿费等就需要一大笔钱,因此应聘者寥寥无几。

一位留学英国的中国学生看到这个广告后,他不信这是"不可能"的。他什么都没想就应征了,最后,他不但用3000美元完成了环球之旅,而且他很多时候还是在星级酒店里度过的。这个年轻人叫朱兆瑞,后来,他用自身的经历写了《3000美元环游世界》,畅销全球。有人问他凭什么能用3000美元环游世界，他的回答是：不找借口，用勇气去开拓，用头脑去行走，用智慧去生活。

有些人在面对艰巨的任务或难以实现的预定目标时，往往会这样找借口："这对于我来说，太难了，我根本没有天分。""这对我来说，绝对不可能，我没有那么多钱。"人们以自己现存的劣势或缺点作为借口，无非是要为自己的"无能"、"不努力"开脱。

美国成功学专家格兰特纳告诉我们："如果你有自己系鞋带的能力，你就有上天摘星的机会！"不要为自己的失败找借口，因为哪怕只有万分之一的机会，只要你不放弃，你就有可能成功——失败的原因只有一个，那就是对成功缺乏信念的力量，而借口会终结对成功的信念。

阿伦佐·莫宁是美国职业篮球运动员，在他的篮球职业生涯中取得了骄人的战绩：四次入选NBA全明星阵容，并代表美国获得了悉尼奥运会篮球比赛的冠军。但是不幸的是，在2000年，他被查出患有肾病，但是他并没有以此为借口终止比赛，而是带病坚持比赛几届后，在医生的命令下才离开他一直以来热爱的赛场，后来，他被切除了一个肾脏。

患病之初，莫宁完全可以结束自己的职业篮球生涯。但是他并没有给自己找借口，而是继续前进。2004年，在接受了换肾手术后他又来到了NBA的赛场上，虽然这时他已经34岁了。他永不放弃的精神感动了上苍，2006年他获得了自己职业生涯的第一枚总冠军戒指。

如今，莫宁在美职篮已成为一种精神象征。很多人都知道他说过的那句话："在我的职业生涯中不会找任何借口，从不对困难屈服。"

从现在开始，不要再为自己找借口，做一个永不妥协的成功者。记住，我们是历经千百万年的进化，浴血奋斗，经历无数苦难而成为集天地精华的人类！

当我们在为自己找借口前，想一想用3000美元周游世界的朱兆瑞，想一想经历换肾手术仍能挑战运动极限的莫宁。我们就会真正明白，借

别让借口害了你

口只会让自己向失败投降。不找借口，在面对困难、甚至身处绝望的境地时，只要拿出拼搏之心，那就一定会赢取成功。

借口，只会让人再一次跌倒

失败可以有许多借口，即使遇上了意外也能给失败找借口。但是，推卸自己的错误只会让自己犯更大的错误，跌倒了只有自己勇敢地站起来，才能吸取教训而有所收获。如果失败后，只是一味地抱怨，找借口，那么，你只会一步步地跌倒，再不可能爬得起来！

我们经常看到，孩子被凳子绊倒，然后会哭着告诉父母："那个凳子把我绊倒了。"一些父母可能会疼爱地抚摸着孩子的头，然后对他说："好孩子，不哭了，妈妈去教训那个坏凳子。"

心理学家告诉我们，正确的方法应该是让孩子重新回到被绊倒的地方，让他再一次从凳子边经过，并告诉他应该如何处理类似的问题，学会保护自己，以后就再也不会被凳子绊倒了。

当我们找借口的时候，就像智力不成熟的孩子一样，只会把自己的过错强加给其他人或事物，而不去反思自己存在的问题，不去想尽办法修正这些错误。成功者按照理性的指导，有计划有步骤地找出问题的症结所在，并逐一解决它们。不给自己找借口，就是让自己从错误中吸取经验，而不是无休止地发牢骚。找借口的人用诅咒的口吻抱怨一切：时运不济、出身不好，甚至连刮风下雨都能成为他失败的借口，而唯独忘记了分析失败的原因。借口禁锢人的分析、学习能力，让人在同一个地方再三跌倒，就像蹒跚学步的孩子，如果不去教他如何从椅子旁边走过，他就会屡次被椅子绊倒。

无论一个人能为自己的错误找出多少个借口，都无法帮助他在下一次面对同样的问题时，避免犯同样的错误。借口让人降低自我要求，逐渐形成得过且过的心态，满足于蒙混过关。

公司年底考核业绩，同样是两个没有完成任务的业务员，其中一个找各种借口为自己开脱，认为只要熬过了今年的年关，明年再说明年的事情；而另外一个则认真地总结一年以来的错误和失败的原因，在年底的时候，已经把存在的问题分析清楚，等待在新的一年中逐一解决。最后，承认错误的业务员在第二年有长足的进步，因为第一年犯下的错误，都在第二年中避免了，但那个为自己找借口的业务员被辞退了，因为他无视自己的不足和缺点，让他的工作业绩日趋下滑，他再也没有写总结的机会了。

为过错和失误找借口并不困难，但这是于事无补的方法，借口让人暂时得以逃避责任，但面对同样的问题，依然会手足无措，根本不知道如何解决。

不在困难面前找借口，勇敢地直面困难，督促自己迅速地找出解决问题的方法，才能避免这些困难成为限制自身发展的终身困境。

为失败找借口的人总认为自己的努力得不到应有的回报，却忽略了正是在借口的掩护下，失败者从没有清晰地看到自己的问题所在。

教育学家告诉我们，那些经常出现计算错误的学生，往往最终不能成为一个成功者，因为他们从小就养成了用借口为自己开脱的不良习惯，他们总是告诉别人，自己并不是没有实力考好，只是粗心马虎。粗心马虎正是因为他们缺乏对目标本身的执着和高度的热情，他们对考试漫不经心，也会对以后的工作更加心不在焉。事业的成功与否，在很大程度上并不取决于所从事领域的艰辛程度，而是取决于是否对成功有热烈的渴望。

借口让人丧失热情，在爱找借口的人的心目中，失败总是别人导致的，而环境又总是和他们过不去。他们很容易陷入抱怨的循环中，不停地为失败找借口，抱怨一切可能阻碍他们的事物。因为不停的抱怨，而进一步丧失了对生活和工作的热情。借口会使人丧失对成功的欲望，在做事情的过程中，总是敷衍了事，这让他们在看似非常小的错误上，也会一犯再犯。同样看似简单易行的工作，不同的人来完成，结果就会有天壤之别。

借口让人只求完成眼前的工作，而忽略了更长远的工作，这不但会在无形中增加工作量，还会增加人们不耐烦的情绪。以心不在焉为借口，只会导致把简单的工作复杂化，因为忘记需要更深入了解的情况，可能要多跑上两三趟，甚至七八趟；因为不及时吸取教训，同一个地方会摔倒很多次。

虽然每一个成功者成功的经历各不相同，但他们都有一个共同之处，那就是：不给自己找任何借口，遇到问题和失败，及时纠正错误，激发自己实现目标的执着，全身心地投入到事业中。但是，依赖借口的人则总喜欢把问题推卸给别人或者抱怨环境不佳，他们百无聊赖，除了借口，一无所有，这也只能导致他们屡次被同一块小石头绊倒。因为他们总是以自己运气不佳为借口，却忘记了用自己的眼睛去寻找一条石头较少的路。

借口只会让一个人走向失败

借口是失败的温床，成功的大敌。它能够瓦解一个人成功的意念，削弱胜利的欲望，削弱人的耐心，在成功的道路上，缺乏耐性的人总会为自己找到借口："这件事肯定不可能，对我来说它太难了。"甚至有时候，这些人还会嘲笑那些执着努力的人，就像那些嘲笑愚公移山的老叟。可是，说这些借口的人却忽视了一条法则：没有一蹴而就的成功。借口让他们不愿意去脚踏实地地迈出每一步。

石匠拥有的只不过是一个铁锤和一把凿子，而石头却坚硬无比。很多过路人看到石匠在硕大的石头面前，一锤锤地费力敲打，敲打了几百下之后，石头依然没有任何裂痕。很多围观的过路人都在窃窃私语，还有人嘲笑石匠太自不量力。然而石匠依然埋头苦干，在几千下敲击之后，最后一锤砸下去，巨大的石头轰然破裂。对于石匠而言，每一次敲击都是有价值的，正是这些细微的积累，才有了最后破裂巨石的力量。

借口会让人失去成功的机会，但哪怕是一次微小的成功，都可能对人生产生重大的影响。不要让借口毁掉成功的可能性，人生的大辉煌正是由一次次的小成功筑就而成。有人经常会这样对自己说："这件事太微不足道了，我何必费心去做呢。"正是这种借口让人心安理得地放弃了努力去做的想法。而找借口的人却不知道，解决大问题时所需的能力与经验，正是在解决这些小任务的过程中，不断历练出来的。

美国橄榄球史上伟大的教练隆巴蒂，曾经带领美国绿湾橄榄球队取得了令人难以置信的辉煌成绩。隆巴蒂训练球员的要诀很简单，就是要球员都牢记："一定要取得比赛的胜利。如果不把目标定在非胜不可上，那比赛就没有丝毫的意义。不管打球、工作、思想，一切的一切，都应该'非胜不可'。"他告诫球员，比赛就是不顾一切，不找任何借口地往前冲，无论横在你面前的是一辆坦克还是一堵墙，都不能成为你停下脚步的借口。在绿湾球员的心目中，只有胜利的欲望，没有其他的杂念，为了胜利，他们蔑视一切，无视所有的困难。

给自己找借口的人总是以事情太小为由，从而放弃努力，成功者却认真对待每一天的生活，正是每天的小成功，积累起了不起的大收获。

吕子军因为家里贫穷，从安徽老家辍学，来到北京，在北京大学里做厨师。他带来的只有初中的英语学习课本，但是他在北京大学里开始了从不间断的自学。他住在4平方米的小屋内，利用学生废弃的二手磁带和资料，每天坚持自学英语七八个小时，有时学到凌晨两三点钟。他还把所有的生活和工作用品都贴上了英文。就是凭借这种水滴石穿的精神，2001年，吕子军参加了托福考试，并获得当年的最高分，超过了所有接受过高等教育的大学生。

在成功的道路上，绝没有小事，任何大的成功都源自小的积累。那些以为事情太小，不值得一做的人，正是忽略了每一个小进步都有其不可替代的意义。

要在成功的道路上不断前进，首先要耐得住寂寞。那些小的进步，就算别人看不到，没有给予赞赏，我们也应该为自己喝彩，有小成功才会有大发展。只有不断地自我鼓励，才能让我们不放弃，不被"过程太漫长"的不良情绪困扰。我们应该给自己一个每天都在进步的生活，而不是眼高手低，小事不肯做，大事做不了，浑浑噩噩地混日子。

不给自己找借口，就是不错过任何一次成功的机会，珍惜每一天所取得的进步，并时刻提醒自己，应该寻找成功的机会，绝对不要有任何借口，让懒惰占了上风，让机遇从身边溜走。要抓住机遇，首先要敢于实践，不要害怕失败，同时也要勤于思考，甘于现状的人永远无法发现机会。一旦发现机会，就必须抓紧每一秒钟，迅速采取行动；停滞、犹豫、观望、徘徊都会有可能让机会稍纵即逝，让自己追悔莫及。

因此，在生活中我们要牢记：借口是失败的温床，它只会令人失去成功。所以，无论生活还是工作，我们都不要给自己找借口，在困难与失败面前要毫不懈怠，坚持每天进步一点点，在发现机会的时候，全力出击，相信将来非凡的成就必将属于我们。

不要被借口定格在失败中

人们为什么会对世界产生消极的态度？很大一个原因就是遭受过失败的打击。当经历了一次又一次的失败，有些人便开始对这个世界失去了耐心，他们往往会为自己失败找借口，比如将失败的原因归结为世界的不公平,或者将自己的失败归因为能力的不足。总之,不论这些人如何归因自己的失败,消极的心态都已经在他们心中牢牢扎下了根。一旦消极的心态形成,人们就会马上用借口来强化这些人的失败感,从而使他们被借口定格在失败中。

一个被失败所定格的人,是没有可能在余下的生命中取得成功的。因为成功从来不属于消极的人!

事实证明,一个成功的人并不是没有经历过失败的人,而是一个拥有坚强乐观的心脏,善于从失败中获取成长养分的人。他们也曾体验到失败的痛苦,但是他们不会被借口定格在失败中。因为,他们清楚地知道,借口不会带来成功,而只有不找任何借口,才能从失败中站立起来,一个人才有成功的可能。

法国作家左拉曾是一个经常失业的人。由于生活所迫,他不得不靠捕捉麻雀、捡别人吃剩下的鱼头鱼尾充饥。但是,这没有妨碍他的伟大志愿。他仍然积极地投入到社会生活中去,认真地观察,细心地了解,最终凭借自己的坚强意志完成了 600 多万字的著述。

当艾力斯·赫利还只是一个文学青年的时候,他基本上每周都会收到一封退稿信。这种情况一直延续了 4 年的时间。经过无数的打击,赫利对自己几乎失去了信心,几次都想停止《根》的写作。如此又痛苦挣扎了几年,赫利已经感到没有成功的希望,于是决定跳海自杀。当他站在船尾,准备跳进大海的一刹那,他突然感觉听到了自己祖先对自己的召唤:"你应该去做你应该做的,我们都在天国注视着你,千万不要放弃!你能成功,我们对你充满信心!"就这样,赫利停止了自己愚蠢的行为,并积极投入到《根》的最后创作中 终于完成了这部杰出的作品。

医学家乔纳斯·索尔克博士为人类攻克脊髓灰质炎做出了重要的贡献。但是,他的成功来之不易,是经过 201 次试验才研制出了预防脊髓灰质炎的疫苗。当人们问他是如何面对之前的 200 次失败时,索尔克博士是这样回答的:

"我这一生中从来没有经历过 200 次失败。在我的字典里面,从来没

别让借口害了你

有'失败'这个词汇。那200次你们所谓的'失败'只是我的尝试。经过不断地尝试，我增加了自己的经验，学到了更多的知识。实际上，我只是做了201次发现而已。没有前200次的尝试，就不可能有现在的成果。"

索尔克博士对于"失败"的见解，值得我们每一个人学习。失败并没有想象中那么可怕，它只是为我们关闭了一条不能通向成功的道路而已。可是，很多人却依然忌惮于失败的淫威，而不敢放开自己的手脚，积极地为自己的成功而奋斗。

我们的周围存在着太多被被借口定格在失败中的人。他们不但自己失去了奋斗的欲望、成功的信心，而且还经常将自己的失败看成是成熟的表现。在他们眼里，一个成熟的人必须是能够看到事情所有弊端的人，能够积极地维护自己当前利益的人。正是在这样的借口指导下，他们不但固步自封，而且还以一个成功者的姿态来指导后进者。看到那些充满拼搏精神的后生晚辈，他们总是会不住地摇头，认为这些晚辈只是初生的牛犊、毛头小伙而已，等他们经历了生活的打击后，他们就会变得"成熟"起来。出于对后辈的关爱，这些人会如数家珍似的向晚辈介绍自己对生活的体验，以期能够减少后辈可能遇到的风险。而这些心智没有达到真正"成熟"的后生也经常会被他们的高谈阔论所吸引，被他们的谆谆教诲所折服。就这样，这些心理早已被借口所定格的人通过自己的影响，不断地传播着一些消极、负面的思想。而接受这些消极思想的青年，则真可谓是出师未捷"心"先死了。

千万不要被借口定格在失败中，如果你的心被失败的感受所填满，你就再也找不到成功的方向了。"失败乃成功之母"，这句话应该成为我们每个人激励自己的警句。失败并不可怕，即使我们在事情上面失败了1000次，我们还是拥有成功的可能。但是，如果我们在心灵上面失败了一次，那么我们就彻底葬送了自己的前程。不找借口，因为"哀莫大于心死"，借口，也莫过于在心理上向失败彻底投降。

第03章
牢骚族，抱怨是借口的升级版

Chapter 3

　　心理学家发现，有人喜欢抱怨、发牢骚，其根源是他们觉得："这个世界对自己总是不公平的。"这是他们抱怨的理由。这个理由只是抱怨的借口，它会让人找出更多的借口发泄这种不满，所以人才会抱怨这也不好、那也不是。牢骚族的抱怨是爱找借口的心理在作祟。而抱怨会阻碍一个人的发展。

第03章

字通库：构筑基础阅读力空间

Chapter 3

真没天理，为什么倒霉的总是我

"怎么那么倒霉，公交车又坏了"，"凭什么又让我出差"，"真倒霉，这车都堵了半个小时了"，"今天的菜真难吃，早知道就不买了"。在生活中，我们常常听到诸如此类的抱怨，想不开的人，总觉得事事都不如意，全世界的人和事都是错的。殊不知，这种抱怨的心思越多，生活就越不顺。

有一天，王娜南又一次觉得心里烦闷得不行。于是，在一次聚会中，她向朋友倾诉自己的"不幸遭遇"。

王娜南："在办公室，什么事情经理都要我来干，真没有天理。"

"什么事这样烦呀？"朋友问。

"下周一值夜班的同事请病假了，经理就让我代替同事值班。平时我也不轻松，就拿昨天来说吧，那个'难缠'的推销员又来了，经理让我去应付他，刚送走那个瘟神，一位客户气势汹汹地来提意见，我又要去接待他。你说，经理这样对我公平吗？他们解决不了的问题，都要我来办。为什么倒霉的总是我？"王娜南愤愤不平地说。

朋友劝慰道："想开点儿，能者多劳嘛！这说明你有能力，领导重视你，干得多，提升的机会也就多啊。"

听了朋友的安慰，王娜南依然抱怨道："他们让我干的，都是些吃力不讨好的小事。你们不知道，在我们那个公司，只有会拍马屁的人才有加薪和提升的机会。总之，我真是倒霉透了。"

王娜南之所以抱怨，是因为觉得自己所遭遇的都是不公平的，其实，这种自认为"不公平"，只不过是她抱怨的借口而已。萧伯纳说："明智的

别让借口害了你

人使自己适应世界,而不明智的人只会坚持要世界适应自己。"艰难困苦在成功者眼里往往都是促进自己成功的动力,他们知道,抱怨只会浪费自己的时间,所以他们不会借口抱怨。可是那些爱抱怨的人却始终不明白这一点,只要稍不如意,他们就会找借口发泄自己的不满情绪。

"我要辞职!"一名员工对上司说。
"为什么?"上司问。
"公司的同事太难相处了……"
……
"我要离婚。"一个中年男人对民政官员说。
"为什么?"官员开始了例行问话。
"我和妻子性格不一样,我急,她慢,我让她改,她却置之不理,我喜欢吃辣的。她却喜欢吃甜食,我让她改变口味,她反对……"
……
"我要……"
"为什么?"
"因为……"

生活中,我们总能发现"我要……"、"为什么"、"因为……"这样的借口模式。我们总是喜欢去改变别人,但是,这样的抱怨总是徒劳的。明智的人总是先改变自己而不是去抱怨。在威斯敏斯特教堂地下室里,英国圣公会主教的墓碑上写着这样一段话:

当我年轻自由的时候,我的想象力没有任何局限,我梦想改变这个世界。当我渐渐成熟明智的时候,我发现这个世界是不可能改变的,于是我将眼光放得短浅了一些,那就只改变我的国家吧。但是我的国家似乎也是我无法改变的。

当我到了退暮之年,抱着最后一丝努力和希望,我决定只改变我的家庭、我亲近的人——但是,唉!他们根本不接受改变。现在,在我临终之际，我才突然意识到：如果起初我只改变自己，接着我就可以依次改变我的家人。然后，在他们的激发和鼓励下，也许就能改变我的国家。再接下来，谁又知道呢，也许我连整个世界都可以改变。

抱怨，有时候也许能暂时舒缓一下你不平衡的心理。但是如果你长期处在抱怨的泥潭中无法自拔，你只会被这种抱怨渐渐侵蚀。你越是抱怨，生活中的不如意就会越来越多，你的生活就会越来越黑暗，直至不见一丝阳光。

如果你总是觉得自己是世界上最倒霉的那一个，那么请你擦亮眼睛好好看看这个世界，看看你周围的人。你总能找到借口抱怨，但当你抱怨自己工资少的时候，地下通道里还有流浪歌手在卖艺；当你抱怨自己的午餐难吃时，大街上还有随处乞讨的流浪儿童。停止抱怨吧，让自己的心充满阳光，抱怨解决不了任何问题。如果你想成为强者，就把这些你认为的"倒霉"化为前进的力量，让自己迈入成功者的行列，并试着做一个潇洒豁达的人！

抱怨是生活的一剂慢性毒药

人们为什么会有这么多的抱怨呢，他们的心理又是怎么样的？其实抱怨者的内心缺乏爱心和包容，心理产生了极度的不平衡，这时，他就会找借口发泄内心的不满。抱怨就是对极度不平衡的一种自私的发泄，毫不理会对方的感受，只将自己心中因此而产生的怨气，毫无修养地泼给对方。抱怨的人往往都是不自爱和不自信的人，他们只是想借抱怨获取一丝安慰。

抱怨看似不起眼，它只是说者几句不经意的话，但这无休止的抱怨，却能给对方带来极大的打击。时间久了，说的多了，说者会养成一种不经意的习惯，说者虽然无意，却给听者带来无尽的烦恼，甚至会成为一种杀人不见血的毒药。也许有人会说这是危言耸听，其实抱怨给生活带来的危

别让借口害了你

害远远大于奢侈、浪费、懒惰等行为。

俄国大文豪托尔斯泰就深受其害,当他的夫人明白这个道理的时候,已经太迟了。她临死前还在忏悔,因为她知道,是她永无休止的批评、喋喋不休的抱怨害死了她的丈夫,她也因此后悔不已。

托尔斯泰是史上最著名的小说家之一,他的两部名著《战争与和平》及《安娜·卡列尼娜》在文学界闪耀着永久的光辉。按理说能嫁给托尔斯泰,应该非常幸福才是,当时托尔斯泰的名誉无人能及,他被人爱戴,仰慕他的人排满了整条街道。除了名誉,他们还拥有财产、地位、子女,似乎没有人能像他们那样完美地生活了。但托尔斯泰的夫人过于奢华,渴望显赫、还想拥有更多的金钱和财产,而托尔斯泰却对此不屑一顾,甚至认为他们所拥有的金钱和地位都是罪恶。由于婚姻存在这样的矛盾,夫人每日抱怨、无理取闹,甚至以死要挟……他们原本的幸福美满被她折磨的遍体鳞伤。

他们经常会为是否收取稿费问题发生争执,她像疯子一样哭闹、咒骂,歇斯底里地在地板上打滚,有一次拿一瓶鸦片烟膏,以自杀威胁,还有一次发誓说不活了,要跳井。

在托尔斯泰82岁的时候,再也忍受不了妻子给他带来的痛苦折磨,一天晚上,托尔斯泰偷偷地离开了他的妻子,逃离了让他心力交瘁的家庭,他的家人四处寻找,但不知去向。

托尔斯泰由于寒冷而得了肺炎。他临死前,也不愿见他的妻子。

托尔斯泰及其夫人婚姻的悲剧,就是由于永无休止的唠叨和歇斯底里的抱怨造成的结果。也许人们认为,某些时候夫人的抱怨并不能算过分。是的,就算那是应当的,却也不得要领。这样究竟对她有什么好处呢?只会把事情弄得更糟糕。

也有人说,我的抱怨是善良的,我是想用抱怨这一激将法来迫使他奋斗,进而走向成功。在我们的生活中就有这样一些人把抱怨当做变相鼓励的一种手段,但你有没有想过,有谁会喜欢这种手段呢?

从成华侨结婚开始，他的妻子就对他非常不满意，经常鄙视他的工作，取笑他做的每一件事情，因为这个差点毁掉了他的事业。他每天工作充满热情，虽然那时候他只是一个推销员，但他对自己的前途信心满满。当他兴高采烈地回到家里，准备把一天的业绩告诉自己的妻子，并希望从妻子那里得到赞赏和鼓励，但是，迎接他的总是一番冷嘲热讽。

尽管不断受到嘲笑，成华侨还是努力奋斗着。当然他的事业越做越大，但他的妻子还是不停地唠叨和抱怨，有一天，他终于无法忍受下去了，就和她离婚了。

现在的他，已经有了自己的销售公司，也重新娶了一个能够支持他的年轻女孩。

原先的妻子根本不会明白丈夫为什么会离开她。她还在继续抱怨："当年我为他省吃俭用，跟他辛苦了那么多年，现在他有了钱，就去找更年轻的女人。真是个没良心的坏东西！"

其实，导致成华侨离开她的原因就是她的唠叨、抱怨、挑剔，并不是因为另外的女人。试想一下，妻子一直在鄙视丈夫的事业，抱怨对生活的不满，谁都会厌烦，更何况这种对自尊心的打压，足以摧毁自信心和忍耐的底线。盖洛普民意测验和詹森性情分析都对此做过研究，它们得到的结果是一致的，即：任何一种个性都不会像唠叨、抱怨一样给生活带来巨大的伤害。

抱怨，只会让事情更加糟糕

人的一生难免会遭遇挫折，受到不公正的待遇。每当这个时候，人的内心就会产生不满的情趣，进而牢骚满腹。人之所以会这样，从心理的角

别让借口害了你

度看，是希望通过抱怨来吸引他人注意和同情。其实，依靠抱怨非但不会博来他人的同情，因为抱怨往往是建立在借口世界不公平的基础之上，而很多人不会认为你真的遭受了不公正的待遇。所以，当你借口世界不公平而抱怨生活，只会让事情更加糟糕。

一场瓢泼大雨，把一座多年的老房子浇塌了一个角儿。

老房子的主人特别生气跳到院子里，指着天空，破口大骂开来："你个挨千刀的老天爷，有眼泪没处洒了是不？攒了这么多，一口气喷下来，把我的房子毁了，衣服湿了，粮食冲了，我没地儿住了，没东西吃了，你就心安了……"

正骂得起劲呢，住在隔壁的邻居出来了，安慰他说："哎呀，算了算了，老天爷也不是故意的。再说了，你骂得挺厉害，可它能听得见吗？"

"哼哼，它当然听不见了，要能听见还不羞愧得一头撞墙死去呀……"

"呵呵，这不就得了嘛！"隔壁的邻居继续开导他，"既然老天爷听不见，那你干吗还在那白费劲儿呢？倒不如赶紧找些人手来把房子修一修，然后坐在屋里把衣服烤烤，把粮食拾掇拾掇，也免得再下雨时又出什么意外啊！"

却见老房子的主人一跳老高："不中，我非得好好骂一骂老天爷，把我害苦了，想抬腿一走了之，门都没有……"说着，又破口大骂开了。

就这样，气呼呼地骂了好半天，就是不说修房子的事。结果，又一场瓢泼大雨下来，终于把整座房子给浇塌了。

房子的主人要是停止抱怨，及时修缮，房子也不会全部倒塌。所以说，抱怨只会让事情更加糟糕。喜欢抱怨的人就像房子的主人，即使生活没有那么糟糕，他也会找借口埋怨自己所遭遇的一切。抱怨生活、抱怨困境、抱怨工作、抱怨婚姻，这只会让他的心境更加恶劣，生活更加糟糕。经常遭受挫折、打击和失败的人，常常习惯于责备社会、制度、人生，抱怨自己的运气不好。对于别人的成功与幸福，总是愤愤不平，因为他认为，这些都足以证明生活使他受到不公平的待遇。

第03章　牢骚族，抱怨是借口的升级版

一场大火让普利斯顿失去了光明，也失去了工作，妻子也离开了他，只好靠乞讨为生。

一天中午，他蹲在路边，忽然听到有脚步声，还有手杖敲地的声音，他猜测对方大概也是个残疾人。虽然心里没抱什么希望，但他还是向前凑了凑，说："行行好吧，可怜可怜我这个盲人吧。"

脚步声停止了，手杖声也停止了，只听对方说："我很愿意帮助你，这个，你拿着。"普利斯顿摸索着接了过来，他惊奇地发现那竟然是一张百元大钞，这是他第一次收到这么大额的钞票，他想对方一定是个有钱人。

于是，他一边道谢，一边说："先生，您是个大好人，您不知道啊！其实我并不是生来就瞎眼的，20年前，这条街上有一家餐厅发生了火灾……"他想博取更多的同情。

"你也是那场火灾的受害者吗？"对方问。

普利斯顿一听对方也知道那场大火，更来了精神，他又向前凑了凑说："哦，您也知道那场大火吧，都怪那场大火，害得我变成了现在这个样子，当年的肇事人也没赔偿，我真命苦啊。"

对方拍拍他的肩膀大声说："其实，我也是在那场大火中受伤的，我也失明，并且被毁容了……"

普利斯顿这才想起刚才的手杖声，又想起刚才他给自己的百元大钞，他马上忿忿不平地说："上帝对我不公平啊！你我同样都受伤了，为什么你可以成为有钱人，而我却落魄潦倒呢？"

对方却笑了笑说："不！我从来不觉得我的命运是悲惨的，也从来不觉得上帝对我不公平！因为我失去了视力，所以我有更敏锐的听力，才能分辨音响的好坏，创造出销售的佳绩。我相信，任何表面的不幸，都是上帝要给我更大的祝福！"

那场大火成了普利斯顿抱怨苦难的借口，但事实上，造成普利斯顿悲苦人生的不是那场大火，而是他对大火的抱怨。因为和他一样遭遇大火之

◆ 别让借口害了你

灾的那个先生却是一个成功者。所以说，抱怨让事情更加糟糕。

在这个充满不幸和苦难的世界上，人们往往自认为是个被命运遗弃的不幸儿，而陷入自卑、自怜的悲观境地。但事实上，生活中总有比你还不幸的人。多想想他们，你心里就会充满对生命和大自然的感恩之情，就会减灭掉那些不应有的奢望和非分之欲，这样，恬淡安详的幸福感才会找上门来。

没有经历深刻的痛苦，我们就体会不到酣畅淋漓的快乐！在身处人生最低谷之时，我们不要抱怨命运的不公，要相信最美好的日子会到来，因为快乐与苦难从来都是不可分割的。

你在抱怨时，幸运已经转身

一位哲人曾说："有所作为是生活中的最高境界。而抱怨则是无所作为，是找借口逃避责任，是放弃义务，是自甘沉沦。"不论我们遭遇到的是什么境况，光是喋喋不休地抱怨不已，都于事无补，甚至可能把事情弄得更糟。

每件事情都有它的好与坏正反两面，当我们遇到事情不好的一面时，应先学会思考如何扭转局面。如果借口发牢骚，即使是抱怨到肝肠寸断，事情也不会改观，反而会越来越糟糕。

李超国在一家汽车销售公司做销售顾问，从接待第一个客户起，他就一直抱怨这份工作承受了太多委屈：客户不满就找他麻烦；销售成绩不好，经理也要找他麻烦；客户买了车出了问题，还要找他麻烦。其实，这些事情都是理所当然的，然而他却整天把这些抱怨挂在嘴边，弄得同事们心情也跟着不好，都以为自己受了天大的委屈似的。慢慢地，经理对他的意见越来越大，他对工作也越来越不满，跟他一块进公司的同事大都因业绩提升而加了工资，而他却还整天在抱怨中工作。久而久之，同事都渐渐地疏远了他，经理也对他失去了信心，提醒他再不把精力放在工作上，小心工作不保。

抱怨只会阻碍自己走向成功的步伐。放下抱怨，心平气和地接受生活中的不如意，才是智者的姿态。

抱怨，只会让一个人的心理背负着沉重的包袱，在这样的状态下，走平地也如履山川。所以，不要再去借口世道的不公，抱怨自己的命不好，抱怨没有权势，抱怨工作差、工资少，抱怨没人赏识……这些徒劳的抱怨，只能使自己过得更疲惫。

年幼的时候，有一次，拿破仑·希尔和母亲一起乘船渡江到纽约去。

那是一个有浓雾的夜晚，站在船头望着茫茫的大海，拿破仑·希尔直觉得寒气袭人，不由自主地跺起了脚来。

就在这个时候，母亲突然欢快地叫了起来："啊，这是多么令人着迷的景观啊。"

拿破仑·希尔愣住了："妈妈，什么东西让您如此欣喜呢？"

母亲依旧充满欢快："你看呀，那浓雾，那四周若隐若现的灯光，还有消失在雾中的船带走了令人迷惑的灯光，这一切多么令人不可思议……"

母亲的欢快极大地感染了拿破仑·希尔，他也着实感觉到了厚厚的白色浓雾中的那种隐藏的神秘、虚无以及点点的迷惑。于是，一颗原本迟钝而且晦暗的心得到了一些新鲜血液的渗透，开始变得有活力了。

转过身来，母亲语重心长地对拿破仑·希尔说道："从你出生之日起，你就一直在聆听着我给你的忠告。不管以前的忠告你有没有听进去，但今天的忠告你一定要听，而且还要永远地牢记着。那就是，世界从来就有美丽和兴奋存在，她本身就是如此动人、如此令人神往，所以你必须对她敏感，永远不要让自己感觉迟钝、嗅觉不灵。"顿了顿，母亲接着说："要做到这一点，你必须让自己的心跳动起来——少些抱怨，多些热情。"

◉ 别让借口害了你

母亲的这番话，拿破仑·希尔一字不落地记在了脑海里，并在以后的日子里始终实践着。

面对不幸，面对潦倒，我们所要做的不是找借口怨天尤人，自暴自弃，而是不断学习，积累经验，承受苦难，直面打击，最终将自己打磨成一块闪闪发光的金子，任何人都掩不住你灿烂夺目的光辉。

在现实生活中，为什么凡事喜欢抱怨的人总是觉得生活这么累，压力重重？因为他只看到了自己的付出，而没有看到自己的收获。而不抱怨的人即使真的很累，也不会埋怨生活，失与得总是同在的，想到自己获得了那么多，就会感到高兴。所以，放下满腹的抱怨吧，只有这样，你才有更多的心思去抓住成功的机遇。

忍住抱怨，增强自身的实力

在生活、工作中，不管你承受了多么大的委屈，遇到什么样的困难，正在经历什么样的挫折，请永远不要抱怨，因为抱怨是毫无意义的，反而会减弱你的竞争和生存能力。只有忍住抱怨，不断地增强自身的实力，才能让自己立于不败之地。

一个少年，父亲让他去葡萄酒厂看守晒在外面新做的橡木桶。每天早上，他将油漆后的木桶一排排整齐地摆放好放在太阳底下。但让他烦恼的事发生了：在一夜之间，风就把他排列整齐的木桶吹得东倒西歪。因为油漆未干，木桶因此弄脏了。

父亲问他为什么不把木桶码放整齐，少年抱怨风大，并委屈地哭了。

父亲摸着少年的头说："孩子，别伤心，你可以想办法去征服风，而不是借口风大。"

第03章 牢骚族，抱怨是借口的升级版

少年擦干了眼泪，坐在木桶边想啊想啊，风为什么把木桶刮倒呢？也许是重量不够吧。想了半天，他终于想出了一个办法，跑到河边挑来清水，把它们倒进那些空空的橡木桶里，然后就忐忑不安地回家睡觉了。

第二天，少年跑到放木桶的地方一看，那些橡木桶一个个排列得整整齐齐，没有一个被风吹倒的，也没有一个被风吹歪的。少年对父亲说："要想木桶不被风吹倒，就要加重木桶的重量。"

人生也是如此，我们可能改变不了风，改变不了这个世界和社会上的许多东西，但是我们可以改变自己。不要抱怨任何外界环境，不找借口，只给自己加重分量，这样我们就可以适应变化，不被打败。同样，当我们的实力很微弱时，暗中加重自己的分量，就显得极为重要。

楚汉战争期间，刘邦被项羽围困，处境危在旦夕。正在这时，刘邦的部下韩信在前线却捷报频传。

随着军事上的节节胜利，韩信的政治野心也逐渐膨胀起来，他派人面见刘邦，要求封自己为王。刘邦一听，便怒不可遏，当着信使的面抱怨道："我久困于此，日夜盼望韩信前来相助，想不到他竟要自立为王。"

此时，张良正坐在刘邦身边，急忙附耳说道："汉军刚刚失利，大王有力量阻止韩信称王吗？不如顺水推舟答应他，使其欢喜，否则将会产生意外之变。"

刘邦立即心领神会，话锋一转，反改口骂道："大丈夫要做就做个像样的王！"刘邦原本爱骂人，这一骂不足为怪，况且前后两语衔接不错，竟也没露出什么破绽。

不久，刘邦派张良作为专使，为韩信授印册封。刘邦忍住了韩信成王给自己带来的威胁，从而不动声色地稳住了韩信，为汉军日后十面埋伏，击败项羽做了充足的准备，最终成就了一番大业。

在生活和工作中，多一些努力，少一些抱怨，就更能得到他人的认可，同时充实自我，学到更多的知识与技能。

别让借口害了你

刘军大学毕业后，就进入了一家出版社，在编辑部工作，同事们都知道，他人活泼机灵，又十分热心，有事找刘军，绝对没二话，无论做什么刘军都不会抱怨。出版社的工作很忙，但社长又不愿增加人手，所以编辑部的人有时还要兼顾一些发行部的工作。其他的人多干一些活就提出抗议，怨声载道的。只有刘军，指挥他做什么事，他二话不说就去做，总是乐呵呵的样子。

甚至是那些搬书、装书的力气活，刘军也从来不抱怨，有同事悄悄对刘军说："图什么呀？又不给加工资，你一编辑，他这是拿你当苦力啊！"刘军却只是一笑说："没事，没事！"同事摇摇头。

后来，刘军成为被发行部指使最多的人，他像每个部门的临时助手一样，一时人手不够，连门卫都知道可以去叫刘军帮忙。在编辑部，取稿、跑印刷厂、邮寄等所有的业务流程，刘军全程都参与过。渐渐地，刘军熟悉了出版社的整个运作状况，几年之后，他成立了自己的文化公司。那些平时锻炼出来的经验帮了他的大忙，他一上手运作，便轻而易举地进入了状态。

年轻的时候，阅历浅、经验少，尚不是计较报酬高低的时候，要知道，这时候你人生的一切都是雏形，不断学习、开拓，才能让自己更快地成长。做一件事，就是为自己累积一些人生的经验。忍耐别人支使你的那些抱怨，有机会多干一点活，正是对自己最好的锻炼。

任何一个人，只有看清自己的分量，在一切可能的情况下，杜绝抱怨，加重自己的分量，补充自己的实力，在未来激烈的竞争中，才有立于不败之地的实力。

现实不会因为抱怨而改变

抱怨的人往往缺乏上进心，对于自己的失意，他们只会怨天尤人，不懂得通过自己的努力去改变现实。殊不知，仅仅依靠抱怨是难以改变现实的。

在实际中我们会遇到这样的事：很多人无论挣多挣少，都开始计划攒钱买房。可是现实往往是这样：当你节衣缩食、辛辛苦苦地攒下足够买房的钱时，却发现房价又涨了，于是灰心丧气地把辛苦攒下的钱拿去好好享受一下，却发现没过几天，在楼市竞争的热潮下，房价又开始下跌，而此时，你的口袋里却没有那么多钱……悔恨、生气、怒骂一个个从你内心深处涌出，从此以后，你每天都怨天尤人，责怪那只高不低的房价，弄得自己身心憔悴、疲惫不堪。

可是现实就是现实，无论你再怎么生气，房价也不会因为你的抱怨就往下跌，因为现实不会因为抱怨而改变。

张小涵和老公从家乡来到城市里，想要通过两个人的努力在城市里安家落户，当然首要问题就是解决住房。每个星期，张小涵都和老公去看房子，关注楼市。他们的工作都还不错，省吃俭用三年内买房应该没什么问题。

除了正常的工作日外，张小涵和老公在节假日都出去兼职，希望早点买到房子，那样就不用挤在破旧的筒子楼里了。

眼看着钱就要攒够了，可是张小涵却发现现在的房价和他们之前看的房价差距太大了，才这么两年就涨了那么多。张小涵现在只能望楼兴叹，她感到非常的生气。以前那股狂热的工作劲头也没有了，不仅节假日不出去兼职了，而且就连平时上班也不那么认真了。

别让借口害了你

她最大的变化就是变得比以前爱唠叨了。当初说好和老公一起努力买房的张小涵，现在却忘了自己的初衷，心情不好的时候总是喜欢拿老公开涮，总说他没用，不上进，连个像样的房子都买不起。

老公知道她心里不舒服，就开解她说："你看，这么些年都坚持过来了，只要咱们再坚持坚持，就能买房子了。咱买不起两居室的就买一居室的，只要咱俩和和美美地过，再奋斗几年，咱就可以买大房子了。你整天生气房价也不会掉下来啊，干吗把自己整得这么累。这房价也不是咱们能够控制的，凡事想开一点。我就不相信，凭咱俩的实力，连个房子都买不起。"

听了老公的一番话，本就心宽的张小涵一下子想明白了：是啊，不管我怎么抱怨、怎么生气，房价也不会跟随我的心情而变化，何必自己苦自己呢！现在他们不仅节假日做兼职，还投资开了一家服装店，雇人看管，也不用照看。没过两年，他们就买了一套两居室的房子。

生活总会给我们带来许多的磨难，现在的人常说，房子、车子、孩子是压在自己肩上的三座大山，有的人遇到的磨难可能有所不同，有的甚至远远不止这些，但有谁敢说所有的这些磨难他一辈子都不会遇到呢？遇到磨难你会怎么做？生气？抱怨？但是，现实依然不会因此而改变。

要想改变自己不满的现实，抱怨是没有用的，惟一要做的就是停止抱怨，用行动改变现实。

肯德基初入中国市场时，公司派了一位代表来中国考察市场，他来到北京，看到破旧的街道上诸多的小吃，他觉得肯德基在这里根本不会有生存的机会。回到美国后，他对上司汇报说："北京的很多街道非常破旧，而且餐饮店铺无序地在街道两边营业，政府好像也不会管理……"上司并没有听完他这些抱怨的话，而是另派了一位代表来北京。

新代表与上一位不同的是，他先是在北京几条街道测出人流量，进行了大量的实地走访，然后又对不同年龄、不同职业的人进行品尝调查，并详细询问了他们对炸鸡的味道、价格等方面的意见，另外还对北京油、面、菜甚至鸡饲料等行业进行广泛的摸底研究，并将样品数据带回总部。

不久，那位代表率领一帮人又回到北京，肯德基从此打入了北京市场。

有一位心理学家多年来一直在探寻成功人士的精神世界，他发现了一种本质的力量：在严格而缜密的逻辑思维引导下立即行动。但绝大多数人习惯于抱怨，而后又回到原来的生活，什么事也做不了。他们并没有意识到，抱怨不会改变现实，只会阻碍一个人发展。

拿什么拯救满腹牢骚的人

曾国藩曾在家书中写过这么一段话："吾尝见朋友不中牢骚太甚者，其后必多抑塞，如吴（木云）台凌荻舟之流，指不胜屈。盖无故而怨天，则天必不许，无故而尤天，则天必不许，无故而尤人，则人必不服，感应之理，自然随之。"他劝导弟弟们不要怨天尤人，乱发牢骚，"宏其度，则行有不得，反求诸己"。

苏东坡曾说："古人所谓豪杰之士者，必有过人之节。人情有所不能忍者，匹夫见辱，拔剑而起，挺身而斗，此不足为勇也。天下有大勇者，卒然临之而不惊。无故加之而不怒；此其所挟持者甚大，而其志甚远也。"一个人如果喜欢怨天尤人，总是抱怨世道不公，总是感叹世风日下，总是伤感生不逢时，那么这个人的心态就会失衡。俗话说："性格决定命运"，爱抱怨的性格怎么会有好的人生？

现实生活中，看到那些失业的人，跟他们聊一聊，你就会发现，他们牢骚满腹、怨天尤人、愤愤不平，他们有为自己无所作为制造借口的惊人能力。殊不知，如果一个人整日只知道叽叽喳喳、说三道四、指桑骂槐、阳奉阴违，他的事业就接近尾声了，他无疑是在将自己拋入险境，很快会

别让借口害了你

被淘汰出局。

刘平在北京一家棉纺厂里混了近十年,一直没得到提拔。

近两年来,他对工作的规章制度,牢骚满腹,怨声载道。厂领导也成为他批评的对象。他不分场合地点地向人摆了一大堆理由、事实、材料,还附带着时间和地点,说得有鼻子有眼的。其实,这都是他为自己工作上没有建树而寻找的一系列借口罢了!

很快,人们就看到麻烦出现了,不是棉纺厂有了麻烦,而是刘平本人。他对一些微不足道的事耿耿于怀,最终因为做得太离谱而失去了在这家棉纺厂工作的资格,成了一名借酒消愁的下岗工人。

不同的人有不同机遇,人的性格首先是来自于先天,这是不能改变的事实,也是一个人性格里面最基本也最难改掉的部分。先天的东西总是在我们身上有最深刻的烙印。

在医学上,同样的疾病,如果是后天犯的,相比较先天而言,就好治疗一些,先天的显然更为棘手,可能无法根治。但是后天的不一样,后天的可能很容易就通过现代医疗技术进行治疗。人的性格也是一样,先天的性格底色是很难改变的,但是后天的养成却是因人而异的,很容易变的不同。

比如说同父同母的兄弟两个,最开始的生活环境是一样的,大家获得的物质条件、教育条件各个方面都是一样的,没有什么出入。但是再过许多年,两个人的性格可能会有不小的区别。按理说,两个人的先天条件是差不多的,之所以有这么大的区别,原因就是后天的生活环境给予了他们不同的生活感受,才会有这样分别。经常发牢骚的人并不是先天就喜欢那样,大部分是后天的原因所导致。

所以,在说某个人天生就很喜欢发牢骚,其实是没有完全看到这个人的内心世界里去。兄弟两个如果一个人生活比较顺心,学习成绩好,工作不错,收入不错,家庭稳定,那么在现实生活中,你就很难听到这个人有太多的不满,太多的牢骚,或者是基本不会说什么牢骚话。但如果另一个人从小成绩就不好，得不到老师、家长的喜欢，进入社会以后，工作一直不顺利，为了生活到处漂泊，但是仍然不能满足物质所需，家庭也不稳定。他多半会牢骚满腹。

发牢骚的原因来源于很多方面，比如说感情生活不顺心，或者是自己想得到的名利、地位、物质都没有达到自己的理想状态，这时候就会多有抱怨。这是一种社会心理，不单单是哪一个民族的问题，也不是某个国家的特例，人类都是如此，只是表现的形式有所差别而已。

发牢骚的浅层原因是压抑。心理上的压抑需要找到一个宣泄的路径，很显然，自己没有能坐上领导的位子，也不可能将现有领导杀死，那么惟一的办法就是说出自己的不满，他如何如何不行，自己如何如何比这个人强。事实上是有可能的，但也只是可能而已。因为自己没有坐上领导的位子，还不能得出肯定的结论。这就是发牢骚者的第二个问题：没有真正认清自己。

牢骚从某种程度上来讲，就是抱怨，抱怨就可以看作是牢骚的表现形式之一。为什么会有这样的情况出现呢？这是推脱责任的表现，总是在说别人不行，而不愿意深度地剖析自己，不承认或者是不想面对自己的问题，所以就将所有的问题说成是别人的问题。这是最常见的一种情况。

牢骚满腹的人有一个相同的特点，也是藏的很深的一个特点：自卑！如果让他们总结一下自己多年来的生活状况、工作业绩，估计他们自己都不忍心看，根本就不愿意去想这个问题。不愿意承认自己的无能，而找到一个借口来掩盖这个问题就比较简单，反正自己没有在那个位置上，怎么讲都行，不可能有实现的一天，也就不会证明自己是错的。所有不愉快的经历都会变成抱怨，说个没完没了。

这种人不完全是毫无作为、庸庸碌碌的。他们一般不甘于人后，想有一番作为，甚至是大作为，但是缘于很多因素，没能实现。可能在可以预见的时间内，基本上是没有实现的可能了，嫉妒的火焰开始蔓延，不满的情绪达到了顶点，无力改变，只能图一时的痛快了。

牢骚满腹者一般不受人欢迎，私底下可能还是别人的笑料，自己也并不是不知道，但是很难管住自己的嘴。尽管有亲人朋友多次劝告，也不起

别让借口害了你

什么作用。他们多数有自闭的倾向，内向居多，也比较自私，一旦别人侵犯了自己的利益，势必会引起他们的强烈反应。

牢骚实际上讲的是一个"堵"与"疏"的问题。这就像一个水池一样，当流通不畅，慢慢的就会堵住了，水从上边满出来了。当流通顺畅时，杂质就随下水流走了，水池就不会堵了。不让人发牢骚，其不满情绪无法发泄出来，就会导致一个团体死气沉沉，如死水一潭，没有活力，形成无声的抗？二是一旦爆发，就会矛盾激化，无缓冲期，造成很大的负面影响。为此，勤于沟通，给他人发牢骚的机会，让其不满情绪及时发泄出来，不失为明智之举。

第04章
戒了吧，借口一定会承载谎言

Chapter 4

　　不可否认，借口往往是谎言的载体，说谎的人常常找借口误导对方，从而达到隐瞒事实的目的。从某种角度来说，这样的借口就是谎言的代名词，是借口更是欺骗。除了那些善意的谎言，带有欺骗的借口是不良心理在作祟，是必须要戒除的。

谎话很简单，仅仅是一个借口

对别人毫无道理地抱有敌意和憎恨不是什么好事，因而要把这种情绪从意识中剔除。但人们经常会感到别人对自己抱有敌意和憎恨，比如，有人经常会这么想："我并不是特别讨厌那个人，不过他好像很讨厌我。不管我说什么他都反对，这真让人难以忍受。"这种被压制的感情和欲求反映到外界，在他人中去找寻，在心理学上被称为投射。

我们常常看到这样的案例：继子常常感到继母在憎恨自己；婆婆总觉得新娶的儿媳妇是来败家的；保守党常常感到革新党怀有敌意。于是他们就在想，既然对方对自己抱有敌意，那么，自己也不得不诉诸正当防卫，这就为自己的反对意见或敌视对方找到了借口。

这种举动是无意识的，真正原因是为自己的行为找理由。就像生活之中，一些人本因自己能力不足而失败，却找一个借口将失败转嫁于他人。找到借口，就能回避自己的缺点，让自己看上去依然那么的高大。

在心理学上，合理化是一种心理防御机制，发生在替意识层面，是个体不自觉运用来扭曲或者否定现实的方法，用这种方法能暂时维持内心的平衡，而自己的意识层面却往往不知。合理化又叫文饰，给自己的行为赋予合理、正当的理由，获得别人的认同和认可。合理化有两种表现形式："酸葡萄"机制和"甜柠檬"机制。

"酸葡萄"机制来源于伊索寓言，说从前有一只狐狸走进葡萄园中，看到架上的葡萄都熟了，狐狸非常想吃葡萄，但因葡萄架太高，跳了数次都摘不到，因而无法吃到葡萄，狐狸就说那些葡萄是酸的。当人们得不到自己想要的东西的时候，常用酸葡萄机制来缓解自己的失落。

"甜柠檬"机制与"酸葡萄"机制相反。上述伊索寓言里所说的那只

别让借口害了你

狐狸，后来走到柠檬树旁，因肚子饿了，就摘柠檬充饥，而且边吃边说柠檬是甜的，其实柠檬的味道是酸涩的。引申到生活中就是，人们面对所发生的一些不如意的事，有时也会像这只狐狸一样，努力去强调好的一面，以减少内心的失望和痛苦。比如，一个男人娶了一个姿色平平的妻子，他会对别人说他的妻子有内在美；一个女人嫁给一个木讷寡言、不懂为人处世的丈夫，她会说她的丈夫忠厚老实、值得信赖。也就是说，"甜柠檬"机制就是企图说服自己和别人，自己所做成或拥有的已是最佳的选择。

当个体的动机未能实现或行为不符合社会规范时，人们就会尽量搜集一些合乎自己内心需要的理由，给自己的作为一个合理的解释，以掩饰自己的过失，减免焦虑的痛苦和维护自尊免受伤害。

热衷于社会活动的学生会说，毕业证书只不过是死记硬背者的标签；热衷于恋爱的人会说，结婚证只不过是一张纸而已。其实，这些人所说的理由，不过是为了让借口合理化。

谎言是什么？谎言是指说话人在知道事实的前提下，通过刻意隐瞒并提供与事实不符的语言信息的行为。要把谎言说出口，就需要一个合理化的借口，并且只要一个借口。当然，合理化并非是有意地撒谎或制造借口来欺骗别人，其实，有时候连说出借口的人自己也深信自己所说的是合理的。

说实话不需要借口，而说谎话一定需要一个合适的借口。任何一个选择说谎的人，都想既捞到说谎带来的好处，又不用承担遭受指责或惩罚的风险。

说谎者寻找的借口是多种多样的。

有的人通常是辩解自己尽管说了谎话，但却不应为此所导致的后果负责。说谎者会声称从未想过要把某人、某事引入歧途，是对方理解有误的结果。或者辩称自己在措辞上不够明确或不够清楚，以致对方没有理解自己的意思；或者辩称"仁者见仁，智者见智"，是对方理解有误，是对方自己弄错了。

有的人会为自己所说的谎言找一个道德上的借口。在这类借口中，说

第04章 戒了吧，借口一定会承载谎言

谎者承认自己说了谎，也承认应负责任，但提出各种合乎道德的借口来表明该谎言在某种特定情形下是完全合理的，是应该得到允许的，因此，自己虽然说了谎话，但是没有什么大不了的。

在这类借口中，最为常见的是站在道德的制高点，高举"利他主义"的盾牌。说谎者会声称自己说谎是考虑了很久的，意在避免给对方造成伤害。这种说法普遍被说谎者认为比其他借口更容易让人理解或更具有说服力，因为它表明说谎者是出自于善意。

通过观察发现，即使是那些最自私的说谎者，也常把寻找借口的重点放在谎言所能避免的伤害上，而对谎言所能造成的伤害则会避而不谈，或者推托为"考虑不周"。

有的人声称自己所说的谎话并非真的是谎言，而只是一个玩笑、一种夸张或一种想象，或者声称自己当时也不知道自己所说的话会是谎话，甚至上升到哲学的高度，以"白马非马"的诡辩伎俩为自己辩护，意图让人在真实与虚假之间难以找到真实的界限。

然而，谎言就是谎言，借口就是借口，无论说谎者的借口具有多么充分的合理性或说服力，无论说谎者多么善辩，谎言中的借口还是会让人起疑。一方面是因为这些借口是说谎者提出来的，而不是由受骗者自己提出来的；另一方面是因为他人也有曾经说谎的经验，很清楚说谎者是如何的自私自利，为了撒谎而找的借口又是如何的牵强附会。

只要是说谎，就一定会找借口，而且要尽自己的所能，让自己的借口合理化。其实，说谎者自己心里也清楚，为说谎而寻找借口，本身就是一种逃避道德谴责和避免受到牵连的无奈之举。值得一提的是，说谎者在提出各种冠冕堂皇的借口时，自己心里也并非风平浪静，因为他的心里始终惦记着：他能相信我的谎言吗？我找的这个借口真的无懈可击吗？很多撒谎者心里都会有这样的忐忑。

别让借口害了你

借口，是为失败辩解的谎言

　　人人都会找借口，失败者找得最盛。失败者一旦找出一个自认为高明的借口，就会抓住不放，就总是拿这个借口为自己辩解。

　　开始的时候，为自己辩解的人还清楚他的借口多少存在撒谎的成分，但是随着自己的不断重复使用，他就会越来越相信自己的借口完全是真的，相信这个借口就是他无法成功的原因。在借口的扩大化下，他的大脑就开始怠惰，他的思维开始僵化，曾经想方设法要成功的动力慢慢无影无踪。但是他从来不会承认自己是个爱找借口的人。

　　正如有句话说的那样："最糟糕的欺骗莫过于欺骗自己了。"陷入自我欺骗中的人，是最难清醒看自己的。

　　最常见的借口，就是"我的身体不好，所以……"或者"我最近比较忙，忙过这一阵子再说……"但这仅仅是一个借口，因为事实上，没有一个人是完全健康的，每个人或多或少都有些不健康的毛病。在现如今的社会，没有人不忙，小学生忙着上学，年轻人忙着上班，中年人忙着养家糊口，老年人忙着做家务、带小孩。"我很忙"是一句没有一点技术含量的借口，但是就是有人常常以此为借口，推脱很多事，耽误很多事。失败的人会完全或部分屈服于各种借口，但是成功的人是不会这样的。

　　我们经常听见有人说："今天的成功都是我努力的结果。"但是很少听见有人说："今天的失败，都是我自己不够努力。"这是因为失败者都有一套辩解失败的借口，他们将失败归咎于家庭、性格、环境、时间、支持、政策等等，而最坏的借口莫过于"运气"，失败者经常以"运气不好"作为自己的失败总结。

　　为什么失败者喜欢揪住借口不放呢？心理学研究发现，其实，人都具有一种倾向，即在无意识中忘记那些令自己不愉快的事情，即使心里很清楚也会想办法辩解，并试图将责任推卸到其他人或事物的身上。

一个人不想做或做不成事，谎言就会伴随辩解而来，借口就会伴随不幸而至。观察日常生活中常见的一些谎言，我们会发现为辩解而撒谎的事情是非常多的。小时候，不想上学的时候，常常谎称自己生病了；上班后，睡过了头而导致上班迟到，会谎称车晚点了或半路车坏了；领导询问失误的时候，常常会这样辩解："其实我真是尽力了，关键是咱们的营销方案有问题。"

为自我辩解而找借口的人各不相同。

有的人甚至都不辩解自己行为的正当性，干脆拒不承认自己的所作所为以及所应当承担的责任。最典型的就是一些犯人，比如杀人、抢劫、强奸等重刑犯，在没有掌握确凿的作案证据之前，他们是绝对不会承认自己的错误的。因为他们心里很清楚，自己的错误将会带来怎样的惩罚，所以会编出各种各样的谎言掩盖事实本身。只有在铁证面前，他们才会乖乖地认罪。

有的人承认自己的错误，但却极力狡辩这种行为是正当的，自己不应该承担相应的责任。比如，一个员工说："虽然这次活动失败了，但我完全是站在公司的角度上考虑的。"这就说明，虽然他也承认自己要承担一部分责任，但却暗示主要的错误不在自己身上。

有的人在犯了错误之后，会承担责任，但却辩解给对方造成了伤害，这不是自己有意的，而且会把这个辩解进行到底。

就像有的人在酒醉时犯了错误，酒醒后就会说："我当时烂醉如泥，所发生的事情全都记不得了。"不管到哪里，他都会重复这句话，好像他所犯的过错，全是酒精的过错，跟他本人无关。

总之，一个人如果极力辩解的话，不是被冤枉了，就是想推卸责任。在辩词中，他会加入很多真真假假的借口来混淆视听。

别让借口害了你

请不要为你的错误说谎

说谎的人总喜欢说"我没做那件事儿",或者"不,那不是我干的",或者"我不知道这是怎么一回事儿",还有"我发誓"等之类的话。还有一类人犯了错误后,习惯说:"噢,没什么大事儿,会好起来的。"或者,"出错了吗?哪里出错了?"或者,"不要着急,肯定没事儿"。

心理学研究发现,很多人出现错误时,就会找出一大堆借口来为自己辩解,辩解起来振振有词、头头是道。目的其实就一个,那就是想方设法掩饰错误。殊不知,掩饰错误往往要比承认错误付出更大的代价。

很多人认为,找个借口掩饰错误的好处在于不用为后果负责,就算要负责,也要把相关的人都囊括在内,让大家都不好过。鉴于这样的心理,于是,能推就推,能躲就躲,如果能够躲得过,既保住了面子,又避免了损失,何乐而不为呢?实际上,这只是表面上去看,犯了错误,找借口进行掩饰,往往是弊大于利的。

很多人认为找借口为自己辩护,就能把自己的错误掩盖住,把责任推得干干净净,事实证明,这绝非上策。你的借口,可能会让人原谅你一次,但他心中一定会感到不快,对你产生怕承担责任的印象。所以,犯了错误之后,极力为自己辩护、开脱,不但不能改善现状,而且会产生很大的负面影响,甚至影响到未来。

克林顿的贴身幕僚莫里斯在其书中对如何处理克林顿丑闻有这样一段话:"当丑闻曝光,以往的经验显示,揭发该丑闻的记者往往已经准备充分,部署好随后一连几天的攻势,以及情节的编排。他们会老练地把有关丑闻的故事和桥段,分段包装,逐日抛出,使得丑闻情节每天都有新的发展,可以持续地炒作,让这一事件不断升温。如果丑闻已经被某家传媒独家揭发,当事人便要有心理准备。其实,媒体记者早已如'章回小说'般部署好接下来几天要报道的情节了。如果你心存侥幸心理，以为他们可能知道的不多，企图以谎言和借口掩盖真相，或者只是像'挤牙膏'一般，披露出来什么，就承认什么，那你就错了，这样很容易堕入媒体设置好的部署里，被早已准备好的媒体迎头痛击的日子也就不远了，你只会被媒体不断扇巴掌，他们丝毫不会留情。所以，如果犯了错误，千万不要到处找借口，试图掩盖错误的话，只能让自己更加尴尬，最好抢先承认错误，别给他人步步紧逼的机会。"

《苹果日报》就是香港传媒追击真相的高手。2000年，立法会前议员程介南"以权谋私"丑闻揭发的当天，《苹果日报》只是披露了十分有限的证据，令程介南心存侥幸、掉以轻心，在当天的记者招待会上，他企图把问题一带而过，并掩盖部分事实。不料该报的记者早有准备，在会上套出了他为自己辩护的话，要他以个人诚信担保，他真的这样做了。

第二天，该报才进一步披露更多资料，反驳及质疑他前一天在记者会上为自己做的辩护，令程介南只好再进行回应，疲于奔命。

一连几天，反复这个"猫捉老鼠"的游戏，使程介南心力交瘁，而诚信逐步丧失。

其实《苹果日报》早就做过这样的事情，只不过程介南没有注意过而已。该报曾报道香港某著名男明星的太太发生了婚外情，夫妇二人一起出来秀恩爱进行回应，否认该报所披露的绯闻。没想到第二天，该报又刊出其太太与第三者的亲热照，证据面前，夫妻二人再无话可说，难免被指责一番，该报的销量却大增。

炒卖股票行业里，有个概念叫"割肉"，就是叫你在股票价位跌到某个警戒线以后，必须一次性忍痛抛掉股票，以免愈陷愈深，最后血本无归。"割肉"虽然会很痛，但好处是起码你不会输掉所有，如果一直存在侥幸心理，一直在赔，却希望好运明天会降临，很有可能会输掉全部身家。

面对错误，面对丑闻，也需要"割肉"。杜绝侥幸心理，一次性说出

别让借口害了你

所有真相，虽然这真的很难，但总胜过以后拉拉扯扯，每天诚惶诚恐，不知道真相是否会被进一步揭发，戳破自己用以掩饰的借口，让自己的形象逐步被毁掉，还要赔上个人的诚信。如果你能忍痛"割肉"，就不会让别有用心的人有机可乘。

在做学生的时候，如果老师问我们为什么迟到了。我们会有以下这些回答版本：

"今天太堵车，所以迟到了。"

"今天肚子不太舒服，所以迟到了。"

"今天天不好，所以迟到了。"

"今天……"

其实，是睡过了头。这样的结果是什么？即使老师不当面指责你，他心里也知道这是"借口！"其实完全可以抢先承认错误，直接说一句："对不起，我错了！"

俗话说："智者千虑，必有一失。"一个人做事再周全，也总有失败犯错误的时候，人犯了错误往往有两种态度：一种是拒不认错，找借口辩解推脱；另一种是坦诚承认错误，勇于改正，然后积极去解决。能够勇于承认自己的错误，是一种大智慧和大勇敢。

我们都知道，没有人是完美的，总有这样或者那样的缺点，难免会犯一些错误。心理学家观察发现，当人们犯错误的时候，脑子里往往会出现想隐瞒自己错的想法，害怕承认之后会很丢面子。其实，承认错误并不是什么丢脸的事情，而且是一种很值得称道的勇敢。在某种意义上，承认错误还有一种"英雄色彩"。

如果犯了错误之后，人证物证俱在，责任是推脱不掉的，再抵赖也只是枉费心机。如果是鸡毛蒜皮的小错，那就更不用找借口进行掩饰，否则你在人们心目中的印象会变得很差，结果得不偿失。

其实，犯了错误并不可怕，可怕的是犯了错误以后找借口试图掩饰或推卸责任。在错误面前强词夺理的人，就等于又犯了一次错误，甚至比又犯了一次错误更危险，因为他已经养成了找借口掩饰错误的坏习惯。

如果你做错了事情，就应该尽快从错误中走出来，千万不要惧怕承认错误之后是多么的丢面子。一味地隐藏错误或为自己的错误寻找开脱的借口，错误就会成为牵绊你前进的藤条，减缓你成功的速度，降低你的幸福指数。事实上，很多时候，如果你分析清楚事情的前因后果，勇敢地承认错误，那么你就不会为错误所累，你就能勇敢地面对一切问题。

为什么不能用借口掩饰错误

没有人喜欢自己被指责，哪怕自己犯了错误。所以，当知道自己犯了错误的时候，最初的也是最强烈的反应就是为自己辩护、为自己开脱，而这种文过饰非的行为则需要借口的帮忙。但是，在生活中，我们尽量不要想通过借口去掩饰自己的错误。

一个人难免会出现这样或那样的过错，可是人们对待错误的态度是千差万别的，有的用借口掩饰，有的闻过则喜、知过能改。对错误的不同态度，导致的结果也是不同的。

用借口掩饰自己的过错，是虚荣心在作祟。一些人拥有很强的能力，很少有失误发生，久而久之，自然养成了"自己一贯正确"的意识，一旦真的出现过错，心里难以接受。出于对面子的维护，就会找理由开脱，或者干脆将过错掩盖起来。其实一个人有了过失并不可怕，怕的是不思悔改，找借口推脱责任，这种人很难走向人生的辉煌，注定是要失败的。

敢于直面错误的人，往往能够改正错误。只有对错误采取科学分析的认真态度，才能反败为胜。承认错误是一种人生智慧，是让人取得进步的前提。

卡里在墨西哥当货物经纪人。在他给一家公司做采购员时，发现自己

别让借口害了你

犯下了一个估计上的错误。公司对采购员有个规定，那就是不可以超支自己账户上的存款数额，如果账户里没有钱了，就不能再购进新的商品，除非账户里重新填充资金，但是，资金的填充一般要等到下一个采购季节。

这天，卡里在采购完一批商品之后，一位商贩向卡里展示了一款极其漂亮的手表，在墨西哥是非常畅销的，而且价钱也不高。卡里很想采购一些，但这时卡里账户里的钱已经不多了。他知道他应该在早些时候就备下一笔应急款，好抓住这种叫人始料未及的机会。

此时，他知道自己只有两种选择：要么放弃这笔有利可图的交易，要么违反规定先拿下订单，然后再向公司主管追加拨款。于是，卡里选择了后者。

回到公司，卡里不知如何向主管陈述自己的这个错误，正当卡里坐在办公室里苦思冥想时，公司主管碰巧顺路来访。卡里当即对他说："我遇到麻烦了，我犯了个大错。"接着他解释了所发生的一切。

尽管公司主管平时是个非常严厉苛刻的人，但他深为卡里的坦诚所感动，很快设法给卡里拨来了所需款项。手表一上市，果然深受顾客欢迎，卖得十分火爆。而卡里也从超支账户存款一事中汲取了教训。

卡里的故事告诉我们，当一个人犯了某种错误时，掩盖往往是徒劳的，最好的办法是坦率地承认错误，并尽可能快地对事情进行补救。知错就改反而能赢得别人的支持，有助于弥补错误所造成的后果。

所以，如果你在工作上出错，就应该敢于向上级汇报自己的错误，上级往往会因为你的诚实而原谅你的错误，这时你所得到的，可能比你失去的还多。从心理学的角度看，一个敢于承认自己错误的人，不但可以消除因错误而产生的罪恶感，而且还会因为压力的释放而轻松起来。

现实中，许多人为了面子死不认错，只会让自己一错再错，损失更大的"面子"。殊不知，一个人试图掩盖一个错误，往往会犯下更大的错误。

安徽六安有一家房地产开发商，在靠近一家小区附近起楼盖房。房地产公司的一个安全员发现，由于地基挖得太深，导致相邻的盖好的一栋楼发生了轻微的倾斜,于是就给公司写了一份安全报告。但是开发商拿到这份报告后,却叮嘱公司上下封锁这个消息,怕影响公司的声誉。但是,很快,居民楼倾斜得越来越厉害,最后整栋楼倒塌了。好在新房没有人居住,尽管这样,还是造成了三人死亡的后果,开发商的损失巨大。

其实有错不算什么,错了不知悔改,才是真的错了。闻过易,闻过则喜不易,能够做到闻过则喜的人,是最能够得到他人帮助和指导的人,当然也是最易成功的人。

在犯了错误的时候,很多人都想铤而走险,觉得拒不认错不会给自己带来损失,其实不然。一个人第一次逃过错误的惩罚,他可能会犯第二次、第三次错误。我们要学会在犯了错误的时候,坦率地承认,并担负我们该负的责任,这样才能吸取教训,避免犯下更大的错误。

拖延者往往活在欺骗之中

喜欢拖延的人离不开欺骗,不仅用借口欺骗别人隐瞒真相,还会用欺骗的手段来安慰自己。

事实上,人人都有拖延的经历,而借口也各不相同。我们常常因为拖延而懊恼不已,但是拖延好像毒品一样,让人欲罢不能。我们会对自己说:"再等一会儿""明天补上吧"。其实,这是在欺骗自己。因为要等的恐怕不是"一会儿",可能会很久,也有可能是永远;明天也不见得会"补上",这样的话只是对自己的安慰罢了。

拖延也是我们给自己找到的一个安于现状的借口。拖延的行为,其实就是不断地进行自我欺骗、自我折磨的行为,因为总是为还债把自己弄得疲惫不堪。拖延也许能获得暂时的轻松,但美好的期望却会在拖延中渐行渐远,压力越来越大。

别让借口害了你

爸爸在电脑上专心打游戏,但孩子想让爸爸给自己在网上订购基本读物。爸爸玩得正开心,但又不好拒绝孩子,于是就对孩子说:"你等一会儿,我就给你订。"——拖延开始的时候,欺骗也随之开始。

于是,孩子回到自己的房间,等爸爸给他在网上订书。

对孩子的请求,爸爸没有放在心上,很快就忘记了。第二天,孩子问爸爸:"我的书呢?"

爸爸这时才想起订书的事,但是怕孩子埋怨自己,就说:"你要什么书我哪里知道,你列个书目给吧,我马上就给你订。"

孩子把书目列了出来交给爸爸,但是,爸爸正在忙着回复网络好友,就随口对孩子说:"我正忙着,你等一会儿。"

但是,直到第二天,孩子也没收到自己要的书,于是又去找爸爸。

爸爸这才想起来,自己在和好友聊天之后,因为急着出门,就没有为孩子订购图书。但他为了不想让孩子觉得自己做事太拖延,就撒谎说:"你的那些书不支持货到付款,等我办个网银马上就给你订书。"

可见,这位爸爸在为孩子订书的这件事上,在拖延中欺骗孩子。爸爸的这种心理其实是借口拖延的一种,从心理上看,爸爸是用借口来掩饰忘记买书的行为,以减轻内心挣扎的痛苦和轻微的负罪感。

心理学家研究表明,喜欢拖延的人往往内心薄弱,对自己的拖延不敢面对,为了自我安慰,他们有意无意地通过欺骗的手段来安慰自己。在拖延中产生的欺骗行为是一种心理的渴求,外在的表现往往显得很自然。

虽然拖延会心生悔意,但是在谎言的掩盖下,人在下一次又会惯性地拖延下去。几次三番之后,我们竟视这种恶习为平常之事,以致漠视了拖延的危害。

1989年3月24日,埃克森公司的一艘巨型油轮在阿拉斯加触礁,原油大量泄漏,给生态环境造成了巨大破坏。环保主义者希望埃克森公司尽快清理泄露的原油,但是,因为事发突然,埃克森公司很难组织人力去做，于是就欺骗公众说没有这件事，直到媒体曝光，他们才做出反应，以致引发一场"反埃克森运动"，甚至惊动了当时的布什总统。最后，埃克森公司总损失达几亿美元，形象严重受损。

假如埃克森公司在清除原油的事情上没有拖延，那么它就不会向公众撒谎说"没有这件事"。可见，拖延者活在欺骗之中，而这不能使问题变得容易解决，只会使问题复杂化，给工作造成严重的危害。我们没解决的问题，会由小变大、由简单变复杂，像滚雪球那样越滚越大，解决起来也越来越难。而且，没有任何人会为我们承担拖延的损失，拖延的后果可想而知。

为何信誓旦旦却实际做不到

减肥计划上要瘦到的斤数，为什么是永远也实现不了的痛？曾说好不再相见的恋人，为何还会走到一起继续争吵地生活？一直发誓要停用信用卡的你，怎么一直改变不了卡奴的状态？

"成功者是万中取一。其他人都只是羡慕别人的成功，你要什么呢？"我们要什么？谁可以帮我们选择呢？

知道，但却做不到，谁也帮不了我们。决心、毅力、勇气、坚持到底、永不放弃，给自己的生命一次成功的机会。成功过的生命，就不会再后退，尝过成功滋味的人，谁愿意再回到失败的泥淖中呢？

某个心理调查表明，对于自己信誓旦旦要做的所有事情，只有16%的人能实现，剩下84%的人中，根本没有采取行动的人就占了47%。因此，调查结果显示阻碍人们前进的首要因素就是懒惰，其次是惯性、他人等不可抗拒的因素。

人性是充满惰性的，没有到生死关头，是不会使尽全力来付出，但有

别让借口害了你

智慧的人,并不会把自己逼到谷底才努力,而是预见自己不努力的未来,将是沮丧、绝望、被众人唾弃,若等到丧失所有资源才觉悟,那就只会错失时机。

这个心理调查说明,在现实生活中,人们总是怀有美好的愿望以及想改变现状的决心,但结果往往事与愿违。经过信誓旦旦之后,我们还是不能让行动与心一致,懒惰像一扇门,无法突破。众多不可抗拒的因素如山一样耸立在我们面前,阻碍越多,我们前进的步伐就越慢,直至懈怠。

那些要实现的计划就这样被搁浅,然后重新被树立,又被搁浅,处在无限的恶性循环之中。我们的潜意识已经接纳了这样的事实,认为这是生活的常态,有些人似乎还很享受其中的乐趣——隔壁那对整天闹着分手的情侣,时常会信誓旦旦拟定分手协议,但协议还未正式写完,两个人就又恢复卿卿我我,并自立口号:打是亲,骂是爱。可事实上,不打不骂的幸福爱情多的是,也许只是这两个人习惯了这样的爱情方式。如果这是他们喜欢的,那也未必不能继续。

我们的潜意识很重要,常常会"欺骗"我们的内心,告诉我们来接受一些不能实现却又被经常制定的计划,或找到其他的理由来转变这个计划。我们为了减肥,发誓再也不吃那些高热量零食,但能坚持几天呢?理由是吃一个巧克力冰淇淋能让心情变好,只有心情好了,才可以瘦下来,结果可想而知。

平常的生活中,我们经常听见有人这样说:"我发誓今天一定要完成……""假如我不能完成,我就要……"说这些话的人往往就是那些常立志而不立长志的人。他们发誓要完成的事情往往都被列入待定事宜,实现不实现已经无关紧要,因为明天还会有新的想法。

志向是远大的,它和梦想、理想站在同一个起跑线上,而平时这些信誓旦旦的话却背离理想太远。理想之所以能实现,是因为它根深蒂固于人的内心,就像一个美好的目标一样,激发人去为之奋斗,为之努力。而信誓旦旦从气势上就输了许多,心态上更是有种随意的感觉。大街上,你遇见了一个欠你钱的朋友,他对你说下个月一定会还你钱,此时他的信誓旦旦就是一种礼貌性的逃避,避免了你们之间的尴尬。很多时候,信誓旦旦只不过是一个借口，一个谎言。

　　信誓旦旦有时真是很难实现，因为说这话和听这话的人未必都会当真。心态影响了行动、态度决定了结果。因此，信誓旦旦的承诺总要被画上问号——说的人严肃认真，听的人却往往泯然一笑。

　　有人说，爱情中最不可靠的就是信誓旦旦的男人，因为你只能听见他说，却很少看到他做。可是心理学家却不这样认为，他们提出这样的观点："其实我们每个人都喜欢或习惯于发誓做好某件事情，可说起来容易做起来难，因为思想的速度总是大于行动的速度。无论在生活中还是在爱情中，只有信誓旦旦才能让对方感觉到你的认真和真诚，也能因此为你赢得更多的机会。这样看来，信誓旦旦未必是一件坏事。我们都是理想主义者，内心都在闪烁着理想主义的光芒。"

　　尽管那些信誓旦旦、总也实现不了的心愿就像一道道栏杆，阻挡了我们想改变现状的步伐，但是我们认真想一下，那些信誓旦旦要实现的计划，无非都是些无关紧要的事情。实现或不实现、改变或不改变，其实对我们现在的生活都不会起到决定性的作用。

　　而且，信誓旦旦会让我们的生活充满了乐趣——每次看到他因没有实现承诺而心甘情愿地请人吃饭的样子时，每次看到墙壁上自己发誓要减肥的数字时，每次发誓不再使用信用卡时，私底下都会偷偷一笑。

　　总而言之，信誓旦旦做到最好，说明你讲信用，会赢取大家更多的拥护；做不到也没关系，就请放松心态，享受其中的乐趣吧！

男人的借口女人不要信

　　男人的花言巧语，像甜甜的蜜糖、香浓的巧克力、美丽的胭脂、迷人的香水，在女人生活中必不可少，却又万万不可太多。女人可以把男人的花言巧语当做生活的调料，却不可被其迷惑。

别让借口害了你

所以，女人只有学会破译借口，才能看清一个男人的内心世界。那么，就让我们一起看看，我们经常听到的男人的那些借口，隐藏着怎样的谎言。

"喂，小张，这几天我想去逛夜市，你陪我去好吗？"刘梅给刚认识不久的男友打电话。

"这几天工作简直忙死了，等忙完了陪你去好吗？"男友有些遗憾地说。

"这几天工作简直忙死了！"聪明的女人应知道，这只是一个借口，十有八九这个男人他根本就没那么喜欢你而已。因为男人不管有多忙，对自己喜欢的女人总会有空，就像女人，不管有多忙，都不会没有时间化妆、逛街一样。所以，"我很忙"是男人的借口，潜台词也许是，"靠边站，我对你没兴趣"。

"为什么又去酒吧了？你就不能在我这儿多待一会儿吗？"女人叫道。
"请你给我一点自己的空间，好吗？"男人说。

这句话的潜台词也可能是，"请让我独自呆一会儿"。所以，下一次当你再听到这句话时，尽量避免歇斯底里地对他揪住不放。这是男人自己进行理性思考的方式，积极配合他也许是此刻女人能做的最好选择。

"你什么时候能有时间？要不，明天来我们家看看吧？"电话里，女人对男人说。
"我看看吧，我会给你打电话的。"男人回答。

这又是一个借口，对这句话的破译也有很多不同的版本。女人可能会想：什么意思？到底是对我有兴趣还是没兴趣，但如果他根本无意于我，为什么又要打电话给我呢？可能这个男人现在很忙。

第04章 戒了吧，借口一定会承载谎言

其实，女人想错了，这是男人们常用的一个借口，可能连他们自己都不知道自己到底是什么意思。对这句话最好的破译就是："我们该结束这次交谈了，但或许某天我会有兴趣给你电话的。"卡耐基对此做出过这样的解释："这句话可能表明男人肯定会去打电话，也有可能是男人肯定不会去打电话。说句实话，有的时候可能连男人自己也不清楚到底是什么意思。"

"我会给你打电话的。"这是男人结束谈话的常见方式。这样，他们才能在不感兴趣的女人面前顺利地溜走。因此，下次再听到这句话时，女人们绝不要对这样的男人抱任何期望，否则，最终伤害的是自己。

周末，男友加班，好不容易回来了，却脸色沉郁，懒散地坐在沙发上。

女友热情迎上去，关切地问道："怎么啦？"

男友说："还好。"

女友继续问："还好？还好是什么意思啊？"

男友说："没什么意思。"

女友有些生气了，问："'没什么意思'是什么意思？"

男人不再说话，而是一言不发地进了书房。

"还好"虽然只是简单两个字，但敏感的女人会知道这是一个借口："他不高兴啦。他一定有事瞒着我，否则为什么要回避我？"然而，如果你了解男人的脾气你会发现，这句话的潜台词也许是："亲爱的，我累了，现在不想说话。我需要一个人呆一会儿，然后再跟你聊天。"很多时候，沉默是男人的独特解压方式。女人对这句话的最好回应就是，静静地依偎在他身边，等待他恢复到常态。

男人对女人说的话，有很多仅仅只是一个借口，女人理解不到位，结果就导致女人付出了最真诚的关心与问候，却没有得到男人的认可。在男人没有明示的情况下，女人不要试图以提供忠告的方式来改善男人的行为或帮助他，这样，不仅让男人感受不到爱，反而觉得女人再也不信任他。

别让借口害了你

感情是理解的前提，但感情太重也是误解的诱因。所以，当一个女人为了男人的某句话火冒三丈的时候，先静下心来想想他的潜台词，也许就会有不一样的发现。

第 05 章
拖延症，让你和成功后会无期

Chapter 5

  人不会给自己找麻烦，但一定会给自己找理由。事情不能按时完成，往往是事前借口拖延，事后为拖延找理由开脱。借口让很多人患上"拖延症"，而拖延症，不仅会让完成一件事遥遥无期，更会让一个人和成功后会无期。

不要给自己找借口去拖延

一个人如果总是把今天的工作留到明天做，总是指望"明天"，那么他的拖延就开始了——因为明天之后总还有另一个"明天"，这份工作就很难及时完成了。与其说"明天"是完成事情的指望，还不如说它是今天拖延的借口，人们往往借助"明天"而拖延。

拖延是一个人取得成就的障碍，借口是事业上最不可饶恕的恶习，借口和拖延往往同时出现，互相依托，任何拖延的理由都是借口！比如：

"我忙了一天，都快要累死了，这点事还是留到明天再处理吧！"上班族说。

"这个事情投入太大了。反正不着急，还是留到以后再做吧！"公司老板说。

"我的压力太大了，所以走上吸毒这条邪路。"某明星说。

"今天的作业太多了，我明天再做吧。"在享受假期的学生说。

……

很多人都在为拖延找各种各样的借口，其实，只要仔细想想，任何拖延的理由都是可笑的借口，只是找借口拖延的人不觉得而已！上班族说"快要累死了"他真的会累死吗？只不过不好意思说是因为自己的懒惰而延误"这点事"罢了。公司老板说"投资太大""以后再做"，某明星说"压力太大"，学生"说作业太多"，他们的理由和上班族一样，都是站不住脚的借口。

所以，我们不要把起点都定在明天，这种寄予明天的萌动不能代表实际行动，只能是给自己找了一个拖延的借口——时间已经在你有意无意的

别让借口害了你

拖延中悄悄流逝了，而事情依然毫无进展！

世界是瞬息万变的，今天的工作不想处理，或者没有处理好，拖到了明天，你也不一定想解决，解决起来可能就会更困难，而且可能还会衍生出一连串新的问题。更可怕的是，明天有明天的事，让事情一天一天地堆积起来，长此以往，你每天都处在繁重的处理不完的工作压力下，很多简单的事情聚集起来就会变成一个巨大的工程，会让你更加难以处理，就像勒在你脖子上的绳索，让你不堪重负，让你喘不过气来！最终的结果是，不但今天的事情得不到解决，明天、后天和大后天的事也都完成不了。

海尔员工守则的扉页有这样一段话：

"一张地图，不论多么详尽，比例多么精确，如果拖延而不去旅行，就永远不可能带着它的主人在地面上移动半步！

"一个国家的法律，不论多么公正，如果拖延而不马上坚决去执行，就永远不可能防止罪恶的发生！

"一张藏宝图，即使是所罗门的羊皮卷，如果拖延而不马上动身去寻找，就永远不能带来任何财富！

"一个人，即使拥有渊博的知识、丰富的经验，如果每件事情都拖延，也只能落在别人的后面，永远与晋升无缘！"

海尔总裁张瑞敏习惯经常在空余时间巡视一下自己的公司。

一天深夜，他发现一间办公室的灯还亮着。"谁下班时不关灯呢，这样的人必须严惩！"一贯严厉的张瑞敏以为员工下班的时候忘记了随手关灯，心里很不高兴。

他打开办公室的门，看到一位女员工正在工位上忙碌。

"这么晚了，为什么还不下班？我们并不鼓励疲劳工作。"张瑞敏轻咳了一声。

"对不起，张总，因为临时多了一些材料，所以我打算留下来做完。"

"您为什么不等明天上班继续做。"张瑞敏的口气缓和了下来。

"因为这是今天的工作，每天都有新的工作，今天的事尽管有点多，但我必须今天做完！"女员工毫不犹豫地说。

张瑞敏深深地被这位员工感动了，感动他的不仅是她对工作负责的态度，更是她毫不拖延时间的作风！

第二天，这位员工就成了张瑞敏的私人助理。"马上就去做"、"今天的工作绝不拖到明天"，也作为一种企业文化被海尔集团长期传承了下来。

我们常常有这样的体验：

早晨，定好的闹铃已经响了 N 回，但还是起不来，起床对自己来说太困难了；

垃圾桶里已经塞不下任何垃圾了，但自己总是没有时间将垃圾打包送出门；

喜欢抽烟、酗酒，医生已经很多次警告自己不要沾烟酒了，但自己就是不愿改掉，还常常跟自己说："我要是愿意的话，肯定可以戒掉。"

喜欢拖延的人，常把"但愿""或许""希望"这些借口作为心理支撑，让自己心安理得地享受懒惰带来的快感。无论你如何"希望""但愿"，这都不是拖延的理由，你只不过在为自己的拖延寻找借口罢了。

我们常常会说：

"这个问题我马上就解决。"但是马上是什么时候呢？马上仅仅是一个借口而已。

"或许明天会比较顺利。"要是明天不顺利呢？这种期待只是给自己找的一个借口。

人们习惯于给自己找逃避痛苦的借口，实际上这是在欺骗自己，不要再煞费苦心地寻找拖延的理由了，要知道，拖延是在白白地浪费时间，浪费生命。

好多人都知道寒号鸟的故事，其大意是：寒号鸟的邻居喜鹊好心劝寒号鸟趁着天气暖和赶紧筑窝，寒号鸟却总推辞道："天气这么好，正好睡觉。"当晚上寒风吹来，寒号鸟又冻得直后悔："哆啰啰，哆啰啰，寒风冻死我，明天就垒窝。"最后寒号鸟没能顶过寒冬，被活活冻死了。

● 别让借口害了你

寒号鸟是不是像极了拖延成性的人？他们总是认为自己的时间还很多，经得起折腾，可以无限制地拖延下去……"明天就垒窝"是寒号鸟的口头禅，可是，这种一而再、再而三的拖延最终让寒号鸟冻死了。

在当下，生活、工作的节奏非常快，要想取得胜利，就必须做一个高效、快速行动的人，因为成功绝对不需要那些拖拖拉拉、没有时间观念的人。拖延不仅会让人和成功后会无期，更会浪费生命。

越拖延，结果只会越来越差

"十万火急的事情今天必须完成，不过且慢，让我先玩局游戏，刷一下微信，浏览一下新闻。结果，一天过去了，事情还没有完成，晚上又要加班到半夜了。"这是很多人工作日的真实写照，你是不是也和他们一样，每天深陷在拖延的漩涡中无法自拔？

胡鼎是一家杂志的专栏作家，他每两个星期就要交一篇关于房地产行情分析的文章。每次在交稿之后，他总觉得时间绰绰有余，因为两周写一篇文章对他来说是小菜一碟，所以他总是不太着急。但是时间总是过得特别快，眼看要到交稿的时间了，他总是安慰自己说："不是我不做，只是没有灵感。"但是不能否认，随着时间的飞逝，他已开始变得焦躁和纠结。他开始坐立不安，不得不自念紧箍咒，逼迫自己去完成工作，在最后两天才急匆匆地完成自己的文章。

在这个过程中，胡鼎充满了焦虑感，压力翻倍增长，非常难受。

一年过后，因为稿子质量太差，杂志社终止了和胡鼎的合作。

身陷"拖延症"的胡鼎很清楚，这样拖拉做事感觉很不好。每次当他在最后期限内把文章赶完时，自己就如同死里逃生一样。不过，之前那种清闲的日子对他又充满诱惑，引诱他尝试着下次再冒险"走钢丝"，最终的结果是稿件的质量越来越差。那么，胡鼎的这种心理到底是怎么形成的呢？

心理学家认为，这样的人始终处在矛盾中，一方面，他贪图清闲，另一面，他又害怕自己的拖延而影响整个工作的进度，为别人带来麻烦。但是，后者的压力会因为借口而减轻，各种各样的理由最终让他继续拖延下去。当不能再拖延的时候，任何借口都战胜不了事实，心中更会焦虑，愈发害怕工作失误，于是更想远远地逃避，从而加剧了恐惧心理，导致"拖延症"越来越严重，结果就会越来越差。

有些人对自己的能力抱有十足的信心，坚信到了期限一定能完成任务，于是不急不慌、慢条斯理地应付手头遇到的事……但是，真的有这样的人吗？

网络上有这样一则笑话：月底了，一个会计决定今晚要开工了，当然，一份工资表对她来说不费多大事，这个也是她不急着做的原因。从傍晚时分她就开始酝酿工作的情绪。

她先吃了东西——不能饿肚子工作；然后回到房间，泡了个澡——让自己干干净净地工作；往房间里喷一点香水，泡了一壶玫瑰花茶——让自己头脑清醒，最后，她打开空白的word文档。闭上眼睛，深吸一口气，感觉灵台空明，心平如镜。然后，睡着了……

罗文丽就是这样的人，作为知名媒体时尚专栏的撰稿人，她已经有10年时间每次都拖到最后一天的最后一分钟才交稿，甚至到了交稿时间还发现自己写不出来。每天给自己冲杯咖啡，打开word文档，就开始看朋友的博客，刷微信，与QQ上的朋友聊会儿天，一晚上不知不觉就过去了，写稿却一拖再拖。其实总被领导说的滋味并不好受，可是她却总也走不出这个圈儿了。

所以，不管你能力有多强，拖延的结果都不会好。越是拖延的人，其内心就越紧张，心理压力越大，思维和工作效率都会因此变得很低，工作成果也不好。心理专家发现，若是让拖延长期恶性循环的话，不仅会导致工作效率低，也会给生活带来意外的损失。

刘刚最近非常郁闷，他的信用卡被人无端划走了2000元钱。事情是这样的：数年前他被同事亲戚的撺掇下办了张信用卡，他虽然开了卡，却很少使用这张卡；去年年末，媒体有报道说，该银行非法泄露信用卡客户资料，同事的亲戚立刻打电话给刘刚，让他赶紧修改个人信息；同事也警示他，说，你要是用得不多，索性去注销了这张卡得了。刘刚满口答应，想这么简单的事情，花几分钟就能搞定。可是他一拖再拖，明知这件事情不难做到，就是托着不办。转眼3个多月过去了，他倒是没忘记这件事，就是提不起来劲去做这"举手之劳"的事，于是有了上述结果。所以说，越拖延，结果只会越来越差。

以上是属于"被动拖延症"的案例，其实，这都是一个人的积习所致。结果可能会促使刘刚反思，进而改掉拖延积习。

不要借口琐事延误了大事

"我的事情太多了。"很多人会这样说。这话也常常成了耽误大事的一个借口。这个借口还很有道理："你看看，我一直在忙呀，所以延误了大事。"很多人喜欢借故"繁忙于小事"为自己"延误了大事"开脱。

从严格意义上讲，琐事是由很多的小事组成的，而它通向的往往是一个很小的、无足轻重的目标。犹如我们要在晚餐中做一道工艺很复杂的菜肴，要经过几道、甚至十几道工序，需要很长的时间才能完成，但它的终极意义仍不过是一道菜。如果你晚上还要去实现一项很重要的计划，或者要完成一篇急用的稿件，却因为做菜花费了很长的时间，影响了重要事情

第05章 拖延症，让你和成功后会无期

的完成，这会给你的心理造成很大的压力。

有一次，卡耐基主持关于怎样区分大事与小事的演讲会。面对着诸多的听众，他从演讲桌底下拿出一个广口玻璃瓶，放在桌上盛满拳头大小石块的浅盘旁边，然后说道："让我们做一个小小的实验，你们认为这个瓶子能盛多少石块呢？"

人们做出各种猜测后，他说："好吧，让我们来找出答案。"

他把一个又一个的石块放入瓶子之中，人们也记不清他总共放了多少石块，总之，最后瓶子装满了。这时候他问："装满了吗？"

人们看着瓶子说："是的，装满了。"

他说："是吗？但我还能装进去东西。"

他说着又从桌子下面拿出一些小的卵石，然后把小卵石放入瓶口中，摇晃了一下瓶子，让小卵石进入石块之间的缝隙中。这时候他笑了笑，再次问大家："装满了吗？"

这时候人们似乎明白了他想说明什么了，说道："可能还没有装满。"

他回答说："很好！"说着从桌子底下又拿出一盆沙子，他开始倒沙子，沙子开始进入石块和卵石的缝隙。他又一次问道："现在装满了吗？"

人们叫道："没有！"

他又说："好极了。"他又从桌子下面拿出一大罐水，向里面倒，大约倒进了一升水，然后问道："好了，你们从中领悟到了什么？"

人们说："时间是有缝隙的，只要你努力，总能在生活中挤出更多的时间，插入更多的事情。"

卡耐基却说道："不，最主要的并不在这里，要点是：如果你不将最大的石块先放进去，还能把所有其他的都放进去吗？"

这个例子生动地说明了做事情时，必须首先分清什么是大事、小事和琐事，大事好比是石块，小事如同卵石，而琐事就是沙子和水，如果先将卵石，沙子和水首先放进瓶子中，大石块必然是被拒之瓶外。

如果你在做一件大事时被琐事所缠绕；如果现实中真的发生了因为琐

别让借口害了你

事而耽误大事的现象，又该怎样避免呢？

从严格意义上来讲，任何一个人都不能离开生活琐事的缠绕，衣食住行、柴米油盐等生活琐事构成了人生的必需，在许多时候，这些必需甚至是至关重要的，如果没有了这些，也就没有了我们生活和工作的基本支柱，但是，这些不是我们耽误大事的借口。我们在做一件大事以前，首先要处理好的就应该是这些生活中的小事和琐事。

所以，我们不能以小事为拖延的借口，学会从琐事中摆脱出来，不受这些琐事的困扰，而快速地完成工作或者事业上的大事。

哈斯从小长在乡下，是一个家庭观念很重的人，为了生活得更好，他用了一年的时间在城里学到了厨师的手艺，但当时因为没有找到适当的工作，只好又回到了乡下。

有一天，一位城里的朋友给他捎来口信，说城里的一家大酒店正在高薪聘请一名厨师，要他马上赶到城里报名应聘。但此时此刻的哈斯却在家里忙得不可开交：地里的庄稼还没有收完；树上的果实也没有收获；几头牛越冬的草料还没有备足，等等。

于是他不分日夜地苦干了三天，将这些事情全部做完了，才匆匆忙忙地赶到城里，但可惜已经时过境迁，那家酒店已经聘用到了厨师，他只好又回到了乡下。

几乎是整整一个冬天，哈斯都是带着极大的心理压力呆在家里，坐失了到城里赚钱的良机。

因为家庭的琐事而延误了大事，没能实现目标，无疑是令人遗憾的，这样的延误我们经常会遇见。最可怕的是，当事人不认为自己是拖延了，反而觉得是自己忙不过来而心安理得。比如哈斯就会觉得：地里的庄稼要收；树上的果实要摘，越冬的草料要有，所以，没有应聘到厨师，不能怪自己。但是，这又怪谁呢？

我们尊敬和佩服的人，应该是那些善于从繁琐的小事中走出来，不被那些小事迷惑住眼睛的人。所以说做任何事情时，都要分清大小轻重，抓住重点，按规律、分层次地去做，并在运作过程中不断放松自己、缓解自己、放下包袱，消除压力。最终才能实现预定的目标。

犹豫不决会让你两手空空

对很多人来说，在遇到重大的或者是棘手的事情时，要么把事情搁置一边，留待以后去解决，要么瞻前顾后权衡利弊，沉浸在优柔寡断之中。做事犹豫是拖延的又一个表现，只会让人一无所获。

在犹豫不决中迟迟不肯行动，不仅失去了做事的激情，更会让人失去成事的良好契机。就犹如一个耕耘的农人，要是在春天迟迟不肯耕种，就会因为违农时而错失时节。

张明的老公是一个学经济的高端人才，而且他的很多朋友都在金融界工作，能很好地提前得到很多内部消息。几年前，张明建议他炒股票，但是只要张明提到这件事，老公就犹豫道："炒股有风险啊，等等看吧，我不想把我们辛辛苦苦赚的钱赔进去。"但是，三年过去了，也没有看到老公买一只股票。

后来，张明和老公有了孩子，为了能多挣钱补贴家用，张明又建议老公到夜校兼职讲课，他很有兴趣，但快到上课的日子了，他又说道："给这些成年人讲课，我一点经验都没有，恐怕不能胜任吧。"于是又放弃了。

十年过去了，炒股的朋友中很多发了大财，而他还在犹豫是否在业余时间找点事做。上夜校讲课的朋友，闲暇的时候去讲讲课，虽然钱挣得不多，但是也由此认识了很多朋友，日子过得充实而愉快。而他还在犹豫自己到底该不该做这个兼职。

世间最可怜的人就是那些举棋不定、犹豫不决的人。有些人一旦遇到

别让借口害了你

了事情，就一定会和他人商量，而对于别人的建议又通常不会采纳。这种犹豫不定、意志不坚的人，既不会相信自己，也不会为他人所信赖。其实，很多人经常做事犹犹豫豫的，只是有些事我们没有注意罢了。

小李是一个优柔寡断的人，当她要买一样东西的时候，她一定要把全城所有出售那样东西的商场都跑遍，希望做个比较，选出性价比最高的。

一个冬天，她准备买一顶帽子。她走进商场，从这一层跑到那一层，从这个摊位跑到那个摊位。她从柜台上拿起帽子，从各个角度仔细打量，看了再看，也搞不清自己究竟喜欢什么样的。想要买一顶取暖的帽子，既不喜欢太笨重的款式，又不希望过分暖热。总之，她看了又看，还是拿不定主意，不是觉得这个颜色不好，就是那个式样不好，她还问各种问题，重复地问，弄得店员们十分厌烦。即便碰巧买到了一顶合适的，她心中还是怀疑所买的东西是否真的不错，还要带回去询问他人的意见，然后再回店里调换。无论买什么东西，她都要调换两三次，最后还是感到不满意。结果，她只好空手而归。

看看，一件生活的小事，最终因为犹豫而两手空空，要是遇见大事，那会使人蒙受多大的损失啊。

有些人优柔寡断成为了习惯，根本原因是他们不敢决定任何事情，不敢担负起应负的责任。他们害怕失败，所以犹豫不决。

那么，什么样的人做事不会犹豫不决呢，敢想敢做需要什么样的心理支撑呢？心理学家发现，具有冒险精神的人做事不会犹犹豫豫。

在最初的经商过程中，渡边正雄就发现了一个机会：不动产业是一个十分有前途的行业。但是，他一没有资金，二没有经验。

为了从事不动产行业的工作，渡边正雄做出了第一个冒险行动：他请求著名的大藏不动产公司给他提供一个为期一年的工作。渡边正雄承诺，在这一年期间，他不要任何薪水。就这样，渡边正雄开始了自己的不动产事业。在这一年间，他拼命工作，掌握了关于不动产方面的大量信息和相关的工作经验。

正当大藏不动产公司打算高薪聘请他的时候，渡边正雄又做出了第二个冒险行动：他拒绝了公司的邀请，并千方百计筹集到了一笔资金，开始了自己的不动产经营事业。

创业之初，资金匮乏，渡边正雄不得不节省每一分钱才能使公司正常运转。但是，当有人向他推荐一块别人都不愿意要的土地时，他却做出了自己的第三个冒险举动：买下了那块土地。这是一块有着几百万平方米，价格便宜的土地。虽然紧邻天皇的御用土地，但是当时这里人迹罕至，十分荒凉，更不用说有什么公共设施了。

随着经济的发展，对于住房的认识，人们也渐渐有了不同于以往的观念。城市的聒噪和污染使人们开始向往田园生活。于是，渡边正雄开始利用人们的心理大力宣传自己的这块土地。经过一年的时间，渡边正雄就把这块几百万平方米的土地卖掉了八成，成功赚到了很多钱。

渡边正雄这样评价自己的成功："我之所以能够取得成功，是因为我在机会面前敢于冒险，毫不犹豫地去做。"

是呀，要想得到，就要做一个勇敢者，这样才不会因为拖延而失去机会。很多人抱怨没有机会来展示自己，没有机会获得成功。其实，机会并不是没有来临，而是当机会敲门的时候，你却害怕外面敲门的是一只怪物，将它拒之门外了。

一个优柔寡断的人，最后都会两手空空，成不了大事。反之，要想成功，就必须克服优柔寡断这一坏习惯。我们要赶在犹豫不决、优柔寡断还没有伤害、破坏、限制我们之前，就把这一敌人置于死地。要逼迫自己训练遇事果断坚决的能力、遇事迅速决策的能力，对于任何事情都不要犹豫不决。

别让借口害了你

借口"等一等",只会永远不能

面对这个快节奏的社会,"等一等"的心态是一种很坏的习惯。对于现代人来说,这种"等一等"的心态是极具破坏性的,它会使人丧失进取心:一旦开始遇事就借口"等一等",就很容易"再等一等",时间也这样一分一秒地浪费了,人就会陷入"永远不能"的困境。

改变"等一等"心态的最好方法就是立即行动。今日事,今日毕。当你形成了一种习惯,你就会发现自己所处的困境正在改变。

杨步前是一家机械厂质量监督部门的负责人,工作几年来都是兢兢业业,颇受领导的赏识,随着机械厂生产规模的逐渐扩大,效益也跟着不断增长,杨步前的工作量也变得越来越大。

一次,一批新的收割机经过审核投放市场后,有部分消费者反映传送带力量不足。厂长找到了杨步前,让他尽快查明原因,立刻采取相应措施,一定给消费者一个满意的答复。

可是,杨步前当时以为既然该收割机已通过农业部的检查,出现问题的概率应很小,有一点小故障属正常现象,因此他觉得没有必要那么着急解决这件事。杨步前决定先把手头上其他重要的工作做完,再处理此事。结果,令杨步前未料到的是,几天后,出现问题的机器越来越多,而且有人开始投诉机械厂,网络上关于此事的负面新闻也越来越多,网友纷纷声讨这种欺骗农民的行为。一时间,这件事闹得沸沸扬扬,机械厂的名誉一落千丈。厂长知道杨步前没及时处理这件事后非常生气,不仅免去他质检主任一职,还扣掉他一年的奖金。

其实,杨步前不知道,本来厂长是打算下个月要提他做副厂长,结果因为他的拖延毁了自己的大好前程。

虽然杨步前平时工作表现非常好，但是却不能弥补他因一时拖延工作所造成的严重后果。他的"等一等"不仅毁了自己，同时也让整个机械厂陷入公关危机。

海尔集团的创始人张瑞敏创造的企业文化里，有这样一条："日事日毕，日清日高"。要求员工当日事情当日完成，并要每天都有所提高。正是在这样的企业文化促进下，海尔产品在国内外的市场份额不断扩大，成为国际市场认可的中国第一品牌。

现在，很多人都不能做到"日事日毕，日清日高"。尤其是在工作中遇到困难时，更不知道从何处着手，迟迟无法采取行动。其实，你只要尽最大努力去做就可以了，从最简单、容易着手的地方去做，而不要过于看重次序。当简单部分做完后，你自然知道该怎样继续难的部分。

如果搁着今天的事情不去做，而总想等待，留在下一刻，或者明天去做，在拖延中所浪费的时间和精力，实际上早就能把一件事做好了。这样看来，"等一等"的态度其实也是一种拖延的借口，是没有自制力的表现。

比尔·盖茨的儿童时期，他的家乡每年都要举行一次阅读比赛，而小盖茨每年都会拿第一。当人们纷纷把他捧为神童时，他才说出了其中的奥秘。

原来，小时候的比尔·盖茨有个好习惯，每天都会坚持阅读。9岁的时候，他就已经看完了《百科全书》，11岁他就能够背诵《马太福音》里最长的段落了，而这一切的成就都要归功于毕尔·盖茨的外婆。当外婆发现小盖茨惊人的记忆力和理解能力时，她就每天要求他背诵一定的段落并思考相关的问题，如果完不成任务，就别想玩。虽然盖茨在背诵的过程中也想着去玩，但他却在心中告诫自己，今天的任务一定要在今天完成，因为如果留到明天，那就会有更多的任务了。而正是他这种自制力，使得这种"今日事，今日毕"的习惯一直延续下来。直到现在，他从来没有把当天的事推到第二天去完成。

这个故事告诉我们：如果你不把眼前的事做完，就有永远做不完的事。

在面对工作时，"等一等"的心态其实在很多时候都是天性使然，人们常常会在不自觉之中去拖延做这件事，或者是因为懒惰，或者是因为逃避，抑或是因为提不起兴趣。一旦此时意志不够坚定，就很容易找到各种各样"等一等"的借口。不良后果就是耽误工作、影响情绪、破坏事业的发展。因此，不要借口"等一等"而拖延，要培养"今日事，今日毕"的习惯。

我们为何陷入拖延的怪圈

拖延具有特定的心理过程，拖延的人总是从一个美好的愿望开始。比如，在做一件事时，人们往往会产生这样的愿望："今天（这次），我要早点（及时）开始。"做事之前，很多人会这样去想。但是，随着情况的发展，人们逐渐淡忘了自己的初衷，然后给自己找个借口："看一次电影也无妨""睡睡懒觉也没事""反正最后期限还早着呢，还有充裕的时间去做"。拖延的怪圈就此开始。

时间在流逝，你还什么都没做，开始已经不是问题，因为渐渐地，你就会觉得时间已经来不及了。这时，你会设想一系列可能毁掉你生活的可怕后果，此时你可能产生各种想法：

我应该早一点做——自责；

我可以做别的事——转移；

我什么事都不做——消极；

我希望没人看着——掩盖。

不管一个如何做，寻找自我安慰的借口不会变，因为自己还有机会完成事情，直到最后，时间只剩下一点点的时候，不能再逃避的时候，才会选择做还是不做。

至此，人们对计划的事情会有一个定论：要么因为拖延干脆不做，要么在拖到最后时刻匆匆地完成了。但无论怎么样，拖延都给自己带来了压力，这时你都会对自己说："我下次绝对不会这样了。"但是，这个誓言的有效性是短暂的，直到下次事件的出现……

你肯定有过这样的经历：

在学生时代，每逢小长假的时候，老师会布置一些作业，但是，你绝对不会在第一天就把老师布置的作业完成。比如，国庆三天假，第一天，家长催促你做作业，你会说："还有两天的时间呢，不急呀。"所以整天和朋友尽情地玩耍。到了第二天，家长又催促你做作业，虽然能意识到作业一点都没有完成，意识到不完成作业会受到老师的惩罚，但是因为玩得尽兴，心里会想："干脆今天玩个够，明天不玩了，安心做作业。"到了第三天，可能会完成部分作业，这时，你会想："明天就上学了，该去好好玩玩，这点作业，晚上加个班就完成了。"于是，又将作业推至脑后玩耍去了。

到了晚上，想到作业没有做，但是，这时人已经很累了，你会说："明天早点起来完成吧。"

但是，第二天却睡过了头，上学都要迟到了。这时，你对完成作业已经不抱任何希望了，只想如何找理由向老师解释了，惴惴不安地去上学。

类似这样的拖延不仅体现在我们的学生时代，更在我们的工作中经常出现。心理学家发现，可以将拖延的心理过程比拟为乘坐过山车，情绪随之起起落落，虽然当事人想要事情有所进展，但是最终却不可避免地拖延了下来。在拖延过程中，一连串的借口影响了做事的效率，它们呈现出诸多共性，我们称之为"拖延怪圈"。你或许在几个星期、几个月，几年甚一辈子都挣扎在这个怪圈当中，或者，在几分钟之内就经历了一个怪圈。这个怪圈是这样的：

第一步，"这次我想早点开始"。

别让借口害了你

在一开始，拖延者往往充满做事的热情。刚刚接受一个任务时，总觉得自己这一次一定会按部就班地将它完成。虽然不会马上就开始，但还是相信要做的事情总会自然而然地启动。只有当一段时间过去之后才发现，事情还放在那里，开始为自己能不能按时完成工作而担忧。

第二步，"我得马上开始"。

在这个阶段，早点开始的时间已经失去了，一开始好好干的愿望已经破灭了，人开始焦虑，心理压力也越来越大。不再盼望自己会自发地开始上手做事，开始强迫自己马上得做点什么，但考虑离最后期限还远着呢，所以对自我的强迫是短暂的，没有一点效果。

第三步，"我不开始又怎样呢"？

随着时间的推移，还是没有上手做事，现在，不再想如何有一个理想的开端，甚至也不再给自己做事的压力，而是开始害怕完成不了事情的后果。此时，可能会感到自己几近瘫痪，同时，为了安慰自己，开始在大脑中给自己找理由。

第四步，"我希望没人发现"。

随着时间的推移，事情却没有一点眉目，拖延者开始感到惭愧。不想任何人知道自己的窘境，所以可能会借助各种借口加以掩盖。让自己看起来很忙，即便自己不是在工作；创造一种事情不断取得进展的假象，即便自己根本就没有迈出过第一步；或许会躲藏起来，避开办公室，避开同事，避开接电话，避开任何会揭示真相的事情。

随着掩盖行为的继续，拖延者可能会通过精心编织的借口来掩饰自己的延误，同时内心却深感自责。

第五步，"还有时间"。

虽然感到负疚、惭愧或者欺骗了别人，但是拖延者继续抱着还有时间完成任务的希望。虽然脚下的地面正在崩裂，但拖延者还是试着保持乐观，盼望着"缓刑"的奇迹能够出现。

第六步，"我这个人有毛病"。

此刻拖延者已经绝望了。早点开始做事的意图没有实现；负疚、惭愧和痛苦也无济于事；盼望的奇迹也没有出现。对是否能完成任务的担忧变成了一种令人生畏的恐惧："我这个人有毛病！"可能会感到自己缺少了什么其他人都具有的某些东西……自我约束力、勇气、头脑或者运气。

最后，"做还是不做"？

直到当那个任务最终无论是被放弃了还是被完成了，拖延者通常会因为如释重负和精疲力竭而近乎崩溃，这几乎变成了一次严峻的考验，虽然历经磨难，但是毕竟已经过去。再经历哪怕一次这样的折磨都让人无法忍受，所以毅然决然地下决心从此不再踏入那个怪圈一步。拖延者发誓，下一次一定早一点开始，控制好焦虑情绪，严格按照计划，把事情做得井井有条。打定主意，意志也非常坚定，一直到下一个任务出现……

就这样，随着一个放弃拖延行为的坚定誓言，这个拖延怪圈就画上了句号。然而，尽管诚心诚意痛下决心，大部分的拖延者还是会重蹈覆辙，一次又一次地在这个怪圈中挣扎。

远离导致你拖延的因素

无论是在工作中还是在生活中，一定有些事是我们"最不想做"的，而不想做的理由可能是这些事很困难、很有挑战性，或我们根本不认同这些事，或这些事对我们来说微不足道。所以很多人常常会选择逃避或拖延，以此来获得短暂的安逸生活。而穷忙族之所以穷忙，往往就是因为活在短暂的安逸生活中。

但事实上，拖延不仅是浪费时间的元凶，更是我们获得财富的无形杀手，也是我们成功之路上最严重的坏习惯之一。既然知道拖延有这么多弊端，为什么还有近90%的人存在不同程度的拖延呢？导致拖延的原因究竟是什么？我们到底该如何远离导致拖延的这些因素？

心理学家研究后认为："从心理层面分析，人对工作能力的不自信是导致拖延行为的一个重要原因。"一些在工作上曾遭遇过重大失败、不够

别让借口害了你

自信的人，通常容易产生逃避心理，认为自己能力不够，不能很好地完成任务，于是越拖越久。而且，他们还常常以疲劳、状态不好、时间充足等借口来拖延工作进度。心理学家通过研究发现，这部分人其实内心很在意别人怎样看待自己，完不成任务时，他们更希望别人觉得是因为时间不够、不够努力造成的，而不是因为能力不足。

此外，一些内心不够积极上进的人也容易养成懒散、拖延的习惯。他们常常觉得什么事都很难做，因此喜欢找各种理由推脱，比如，别人不做，为什么我要做？即使心不甘、情不愿地做了，也不愿意立刻开始，而是拖拖拉拉，今天拖到明天，明天拖到后天。这样的人，也是因为意志力差而加入了拖延大军，最终导致一事无成。

还有一些人，对自己的能力过分自信，他们坚信自己到期限时一定能完成任务，因此在做事时不慌不忙、慢条斯理，结果到最后才发现，事情远不是自己想象的那样简单，于是才手忙脚乱地进行，最终发现自己实在是自作聪明。

鲍勃是一家外贸公司的老板，一次，他要到日本出差，且要在一个国际性的商务会议上发表演说。为此，他让经理负责草拟演讲稿，让主管负责拟订一份与日本公司的谈判方案。在出国的那天早晨，各部门负责人都来给老板送行，有人问经理："你负责的文件打好了吗？"经理睁着惺忪的睡眼说道："我的那个不算难事。昨天太累了，晚上我熬不住就睡了。反正我负责的文件是日文撰写的，老板看不懂日文，在飞机上不可能检查一遍。等他上飞机后，我回公司把文件打印好，再以电讯传去就行了。"

谁知转眼间，鲍勃驾到，第一件事就问经理："你负责准备的那份文件和数据呢？"经理把他的想法告诉了老板。鲍勃闻言，脸色大变："怎么能这样？我原本打算利用坐飞机的时间与同行的外籍顾问研究一下自己的报告和数据，现在这样只能白白浪费坐飞机的时间了！"经理的脸色一下惨白。

到日本后，鲍勃与一位要员讨论了主管提交给他的谈判方案，整个方案既全面又有针对性，既包括了对方的背景调查，又包括了谈判中可能发生的问题和策略。主管的这份方案大大超过了鲍勃和众人的期望,后来的谈判也很顺利。

鲍勃回国后不久,便提升了主管,而经理被降职了。

由此可见,任何一种原因导致的拖延,都可能会给工作、生活带来负面的影响。如果做事总是拖拖拉拉,久而久之就会变成习惯性拖延,做什么事都喜欢往后拖,喜欢找借口。这样的习惯不但会使人变得越来越懒惰,时间长了还会使人的意志力变得越来越差,整个人也会变得反应迟钝、思维僵化,这必然会破坏一个人的思考力、创造力和竞争力,挫败人的上进心。

有人问一位法国的政治家:"您是凭借什么使自己在政坛上获得巨大成功,同时还能担任多项社会职务的呢?"政治家答道:"我从来不把今天能做的事情拖到明天,仅此而已。"

由此可以看出,凡事立即行动,决不拖延,既是锻炼意志力的基本方法,也是一个成功者必备的作风。

既然找到了导致拖延的因素,那么我们该如何远离这恼人的拖延呢?

学会将工作目标融入自己的人生设计轨道中,比如,如果希望自己今年在哪些方面有所突破,那就遵循这一目标,一步一个脚印地前进。同时,还要时刻监督自己对目标的完成情况,将一些自己无法把控的大目标主动分解成一个个可以把控的小目标,并从个人思想方面做相应的调整,从而获取完成目标的动力。

巴金森在其所著的《巴金森法则》中,写下了这样一句话:"你有多少时间完成工作,工作就会自动变成需要那么多时间。"如果你有一整天的时间可以从事某项工作,你就会花一天的时间来完成它;而如果你只有一个小时的时间来完成这项工作,你就会更加迅速有效地在一小时内完成它。所以,给自己建立一个时间有限的观念,严格规定目标完成的期限,可以帮助自己远离拖延,提高意志力。

别让借口害了你

几乎做每一项工作时,我们都会经历一个需要高度集中精力的阶段。比如,对一些复杂的数据进行分析;写一份重要的报告;准备一场报告会,等等。不管你要做的是什么,都需要静下心来,不受干扰地将事情完成。然而,我们可能很难有几小时不被人打扰的时间。如果有拖延的习惯,意志力又比较差,那么在这些干扰源的影响下,完成一项工作的难度可想而知。

第 06 章
惰性大，借口是最大的元凶

Chapter 6

　　心理研究表明，因为社会敦促、成功的渴求等因素，人在内心深处对自己的懒惰行为会有一定的压力。另一方面，人又会沉迷于因懒惰带来的舒适之中，因此，懒惰的人就会找办法缓解这样的心理压力，而借口就是最好的办法，有了借口，人就能心安理得地享受懒惰带来的快感。

懒惰常由借口而滋生

《明日歌》中写道:"明日复明日,明日何其多,我生待明日,万事成蹉跎。"由此可见,拖延是要不得的。无论做什么工作,都不能找借口,因为借口最容易滋生拖延的恶习。

寻找借口就是想进行某种开脱,进而有所缓和。拖延的背后是人的惰性在作怪,而借口则是对惰性的纵容。对付惰性最好的办法就是根本不让惰性出现。在事情的开端,往往总是积极的想法在先,然后当头脑中冒出"我是不是可以……"这样的问题时,惰性就出现了,"战争"也就开始了。一旦开战,结果就难说了。所以,要在积极的想法一出现时不找任何借口,马上行动,让惰性没有乘虚而入的机会。

要想改变自己平庸的生活,就需要丢掉借口,立刻把自己的想法付诸实践。那些抱怨自己生活不如意的人并不知道,让他们无法改变现状的不是别人,正是他们自己。成功更多地取决于一个人对待事情的积极态度,那就是:不给自己任何借口,毫不迟疑,立刻投入行动。

科学研究表明,人的大脑是一台非常精密的仪器,它的创造力远远高于我们的预期。大脑时常会呈现出富有灵感的想法,但甘愿失败的人则会找出无数个借口,来和大脑的灵感对抗。人们会说:"反正不着急,这个想法等到明天再说吧。"可是到了明天,早就把点子忘在了脑后。人们还可能说:"现在条件还不成熟,等条件成熟了,再做也不迟。"可等条件成熟了,好的主意早就变成别人的行动了。人们还会说:"这算什么,我要做就做一个最完美的。"可不付出实际行动的话,"完美"从何而来呢?

丢掉这些为自己辩护的借口,立刻采取行动,从当下的每一分钟开始,彻底改变慵懒的生活状态。

别让借口害了你

美国混合保险公司的创始人斯特隆曾说："对我的人生影响最大的一句话就是：'马上去做。'"这是斯特隆的母亲从小教导斯特隆的话，也是斯特隆一生的行为准则。

第二次世界大战后，美国经济大萧条使原本生意兴隆的宾夕法尼亚伤亡保险公司濒临破产。该公司归属巴尔的摩商业信用公司，他们决定以160万美元的价格出售保险公司。当时的斯特隆已经拥有了一支非常优秀的保险推销队伍，这让他突然想到一个主意，并立即付诸了实践。他找到了商业信用公司的负责人，并告诉他自己要购买他们旗下的这家保险公司。公司的负责人告诉他："当然可以，需要160万美元。"斯特隆说："我没有这么多钱，但我可以向你们借。"这个想法让负责人惊呆了，斯特隆解释道："你们商业信用公司不就是给别人做信用贷款的吗？我完全有把握把保险公司做好，然后再把赚来的钱还给你们。"斯特隆的建议意味着，商业信用公司不但拿不到一分钱，还要借钱给斯特隆经营保险公司。但商业信用公司通过全面的调查，看到斯特隆以及他优秀的保险团队，对他们的经营能力充满了信心，最后，斯特隆没有花一分钱，就获得了这家保险公司，并把它经营成美国著名的保险公司。

"马上去做"就是不要给借口任何可乘之机，不要去追究自己现在心情如何，身体如何，这个想法的成功概率到底有多大等。只有把想法付诸实践，才有可能成功。彻底丢掉借口，立刻处理手边的事情，不要只用"我知道""我会尽快处理"作为口头禅，却把事情丢在一边。我们经常会说："您放心，我马上去做。"但随后又会告诉自己，"我得先去吃饭"或"我下班了，明天再说吧"。

借口会让立刻得到解决的问题拖延很久。找借口的人总认为时间还很多，手边的事情可以暂时不用做，因为他们内心并不愿意立刻付诸行动，如果每一件事情都可以暂时搁置起来，也就可以无所事事了。所以，要想成就一番事业就应该勇于战胜自我，大胆地摒弃借口，把行动放在首位，拒绝拖延，迈向成功。

第06章 惰性大，借口是最大的元凶

懒惰的人总会借口拖延

心理学家研究发现，有的人能在瞬间果断地战胜惰性，积极主动地面对挑战；而有的人却深陷于"挣扎"的泥潭，被主动性和惰性拉来拉去，不知所措，无法定夺。

生活中经常有这样的人，把前天就该完成的事情拖延到后天再去做，这是一种很坏的习惯。拖延是具有破坏性的，对一位渴望成功的人来说，拖延是最危险的恶习，它使人丧失进取心。一旦你允许自己拖延一次，就很容易再拖延一次，直到变成一种根深蒂固的坏习惯。当你意识到自己已经养成了喜欢拖延的坏习惯的时候，就要马上开始做事，不管是什么事，开始做就是了。你就会惊讶地发现，你开始做事的时候，拖延已经逃走，你在渐渐地进入状态。

习惯性拖延的人，是制造借口与托辞的专家。假如你存心拖延逃避，你就能找出成千上万个借口来辩解为什么不能马上开始做事，而对事情应该马上完成的理由却不能很好地回答。把事情"太困难"，"太累了"，"太费时间"等种种借口合理化，比说服自己相信只要我"更努力""更有信心"就能成功容易多了。

拖延的人无法做出承诺，只能找借口。如果你发现自己经常为了没做某些事而找借口，或想出千百个理由为事情未能按计划完成而辩解的话，你最好自我反省一下。

不要觉得拖延离你很远，拖延在日常生活中随处可见，如果你不相信，你可以将一天时间记录一下，就会惊讶地发现，无形中你已经拖延了很多事情。

拖延正在不知不觉地消耗着你的生命，挥霍着你的时光。

懒惰与拖延密不可分，人之所以拖延，是惰性在作怪。要做出抉择

别让借口害了你

时，懒惰这个家伙总会为自己找出一些借口来说服你，总想让你舒服些、轻松些。面对作怪的懒惰，有些人能主动地面对挑战，与惰性搏斗，最终取得胜利；有些人却深陷于"蘑菇战"之中，被"行动"和"惰性"拉来扯去，犹犹豫豫，无法决定……时间就这样悄无声息地在内心的挣扎中逝去。

其实，拖延就是纵容惰性，你拖延的话，就是给了惰性机会。如果让它形成一种习惯，它会很容易消磨人的意志，使你对自己越来越失去信心，怀疑自己的毅力，怀疑自己的目标，怀疑自己的能力，甚至会使自己的性格变得犹豫不决，成为一个不受欢迎的人。

清晨，"叮—铃—铃"的闹钟声将你从睡梦中叫醒。你想着今天自己要做的事情，同时却享受着被窝里的温暖。一边不断地对自己说："该起床了，再不起床就晚了。"一边又不断地寻找借口："再等一会儿，就五分钟。"于是，在起床与不起床之间，在半睡半醒之中，又过了5分钟、10分钟、甚至30分钟。

其实，像早上起床这样的事，没有必要犹豫那么久。时间到了，立即行动。在知道自己要做一件事的时候，就立即动手，不给拖延留下时间。对付惰性最好的办法就是把惰性扼杀在萌芽状态。

所以，把你应该在上星期、去年甚至十几年前该做的事情拖到现在还没有做的坏习惯连根拔除吧。别再让它啃噬你的心灵，摧毁你的意志。只有去除这种坏习惯，你才能取得好成绩，才会有好的前途。其实，克服拖延有很多方法。你可以每天从事一项明确的工作，而且不要等着别人的指示，要积极主动地去完成；你可以尽可能地寻找，每天至少找出一件对其他人有价值的事情，而且不期回报地去做。只要你立即行动，你就会发现做任何事情都比好吃懒做快乐得多。

不偷懒，做一个敬业的人

在现代社会，商品竞争异常激烈，从某种角度上讲，一个人的敬业程度决定了其生死存亡。要为顾客提供优质的服务，要创造优秀的产品，就要求员工具有敬业精神。每一个老板都希望员工对工作兢兢业业，希望员工具有敬业精神。

具有敬业精神，会对自身的发展产生深远影响，一方面可以提高自己的业务能力；另一方面可以使领导满意，加深其对自己的印象。如果缺乏敬业精神，整天拖拖拉拉，借口满天飞，只会让老板对你产生不满。

遗憾的是，总是有那么一部分人，他们工作时游手好闲，偷工减料，抱怨满腹，借口不断，得到的比别人少，还不明白原因在哪里。在这些人的脑海中，根本就没有"敬业"这个词。在他们的心中，公司的事情永远是老板的事情，没干活之前先会讨论好价钱，价钱合适就干点，价钱不合适，任凭老板多着急，他还是喝他的茶，看他的报。

当然，在现实生活中，也会出现工作中勤奋努力而被老板忽视的，但是，那是少数，天长日久，你的努力老板看得见，同事们也看得见。好的名誉是一个人走向成功的加速器，是一笔巨大的无形资产。要赢得人们的尊重，首先要有基本的职业道德，要有敬业精神，否则，即使你有一流的工作能力，也会因为缺乏职业道德和敬业精神而遭到唾弃。

不要再找借口，不要再到处抱怨职位低，薪水少，不要因为老板的忽视而丧失向上的勇气，只要你够努力，不吝于投入时间和精力，肯定有出头的一天，而且在工作的过程中，你会获得满足和自豪，赢得人们对你的尊重。

做事就是要有敬业精神，最直接的表现就是干一行，爱一行，全身心投入工作，工作总是很出色。

敬业是一种态度，态度决定一切。不同的态度，决定不同的人生。用心理学的观点来解释就是，有什么样的态度就会有什么样的行为，人的行为直接决定着最后的结果。面对不得不做的事情，就应当尽自己全力，积极进取，尽自己最大的努力，去做好它、完成它。

比尔·盖茨在描述他心日中的最佳员工时，这样说道：一位优秀的员工应当对自己的工作充满热情，在为客户介绍产品时，应当具有传教士传道般的狂热精神。将职业当成自己的事业，对工作始终充满旺盛的精力、高涨的热情，做一个敬业的人。这样你就会发现，自己的价值得到了充分的体现。

心动则行动，责任意识是走向成功的必要因素。那些总是在寻找借口的人，他们的心里始终抱着"我不过是个打工仔"的工作态度。他们认为，工作就是一种简单的雇佣关系，做多做少，做好做坏，跟自己没有太大的关系，反正自己的工资就是那么多。超出自己工作范围的工作，以及与自己无关的工作，一概不理。这样的工作态度，让无数人错失了人生中宝贵的机会，当有机会摆在面前的时候，找各种借口推脱掉，当机会溜走的时候，就找各种借口抱怨。

现实生活中，人人都希望自己的收入越来越高。但是，如果你不努力的话，这个愿望只能落空，只有你能够为你所服务的团队创造出更大的价值，你才会获得更多的报酬。不管你今天在什么样的公司工作，你都应该坚持每天思考怎样才能帮助公司创造更大的价值。

全身心投入到你的工作中，不仅仅会让你获得薪水，更重要的是，它还让你获得经验、知识，通过努力，你能够提升自己，从而变得更有价值。所以，你一定要记住，心态决定一切，端正你的心态，带动你的行动，不要偷懒，为自己的前途而工作！

建立积极心态，赶走惰性

懒惰的人总是贪图安逸，遇到一点风险就吓破了胆，他们缺乏吃苦实干的精神，总在等着天上掉下馅饼来。懒惰会吞噬人的心灵，让人一天不如一天。

懒惰者是找借口的高手。他们不相信努力，只相信运气、机缘、天命之类的东西。每当看到别人取得了成绩，就说："他的运气好，我可不行！"看到他人知识渊博，就会说："人都是有天分的，人家天分好。"发现别人德高望重、影响广泛，就会说："人家有机缘，咱没那个福气。"

马歇尔·霍尔博士说："没有什么比无所事事、空虚无聊更为可怕了。"比尔·盖茨曾说："懒惰是万恶之源，懒惰会吞噬一个人的心灵，就像灰尘可以使铁生锈一样，懒惰可以轻而易举地毁掉一个人，乃至一个国家，一个民族。"

懒惰者从来看不见别人在实现理想过程中付出的辛劳与汗水，经受的考验与挫折。

比尔·盖茨曾给一位年轻人写信说："你这种行为就是懒惰，所谓没有时间，只是一种借口而已，你总是用这种漂亮的借口来为自己辩解，我看你最根本的一条就是不肯努力，不肯下决心去做事情。每一个人都会把他能干的事情干好的。如果有哪一个人没有干好自己的事情，不是他不能胜任，而是他太懒惰。比如，你没有写文章，这并不表明你不能写，而是表明你不愿意写。"

没有人能够随随便便成功，由于懒惰者不肯付出，因此不可能成为一个成功者，只能成为失败者。成功只会眷顾那些勤奋的人。

著名哲学家罗素说："真正的幸福绝不会光顾那些精神麻木、四体不勤、五谷不分的人，幸福只在勤奋和汗水中出现。"

心理学研究发现，人一旦产生懒惰的情绪，就只会整天怨天尤人、精神沮丧、无所事事。也就是说懒惰会使人精神沮丧、万念俱灰。所以，为了明天的幸福与美好，别再为你的懒惰找借口，远离可怕的懒惰，努力培养自己勤劳的习惯，因为只有勇于行动才能创造生活，给自己带来幸福和欢乐。

一个人的身心就像磨盘一样，如果把麦子放进去，麦子就会被磨成面粉，如果你不把麦子放进去，磨盘虽然也在照常运转，但绝不可能磨出面粉来。

在广阔的大海里，有一条美丽的小鱼，它长得十分漂亮，特别是那

别让借口害了你

双美丽的大眼睛,是那么的明亮动人。可是,这条美丽的小鱼有一个坏毛病,那就是懒惰,整天就喜欢待在一个地方,动也不动。

海里的同类都很喜欢它,都想帮它改掉懒惰的坏毛病。

有一天,一只小乌龟游到小鱼身边说:"美丽的小鱼,跟我到处转转怎么样?我们来个长途旅行,开阔一下视野,顺便也锻炼一下身体!"

"长途旅行?"美丽的小鱼摇摇头说,"太远了,太累了!我可游不动,不去,不去。"

小乌龟没办法,失望地游走了。

一只小虾游到小鱼的身边,对小鱼说:"美丽的小鱼,跟我学习跳高吧,锻炼锻炼对身体好。"

"学习跳高?"小鱼摇了摇头说,"太高了,太累了,还是在松软的水草上躺着舒服,不去,不去。"

小虾没办法,也失望地游走了。

一条章鱼游到小鱼的身边,对小鱼说:"美丽的小鱼,和我到大海的深处去探险吧!那里能看到很多很多新事物,还能学到很多生存的本领。"

"到大海的深处去探险?"小鱼摇摇头说,"太深了,还是在这里躺着舒服,不去,不去。"小鱼打着哈欠,它又要睡觉了。

章鱼没办法,也失望地游走了。

就这样,小鱼每天躺在水草上休息,没有进行过长途旅行,没有学习过跳高,也没有到深海去看一看。

时光过得很快,一转眼,乌龟长途旅行回来了,它变得更强壮了;虾也跳高回来了,变得更敏捷了;章鱼也从大海深处探险回来了,已经变成了一个探险家。它们想起了它们的好朋友——美丽而懒惰的小鱼,于是决定去看看它。

它们看见小鱼之后,大吃一惊,小鱼的身体单薄得像一片树叶,目光呆滞地躺在水草上。

"你怎么了,怎么会变成这样?"小乌龟有些同情地问。

小鱼说:"因为我每天懒于运动,失去了活力,就变成现在这个样子了。"说完长叹一声。

生活中有很多像故事中的小鱼一样的人，他们懒于运动，懒于见识，总是以这样那样的借口，在贪图安逸、碌碌无为中等待生命的终结。

身体上的疲劳不可怕，心理上的怕疲劳才可怕。心理疲劳指因心理精神原因而非生理躯体原因导致的无精打采、懒散无力等消极状态。心理疲劳常常带有主观体验的性质，并不完全是客观生理指标变化的反映。很多人找借口，都源自于心理疲劳。

"我太累""我累死了""我已经尽力了""我没劲儿了"以及"我实在不行了"，生活中你是不是经常听到，甚至自己有时候也说呢？如果你也经常说这些话，那就改改吧。这些借口，是影响你的意识或潜意识的心智"病毒"。这些借口通常是无意识的，而不是就自己想做却不做给出合理的解释。

人们经常以"我实在太累了"作为借口。比如，你本想去健身，但是客厅的沙发又极具吸引力，于是就会对自己说"我实在太累了"。或者，你需要取得一个新的成绩，需要突破，在还没有开始之前，你就会跟自己说"我实在太累了"，让自己懈怠下去。这种"我实在太累了"的观念在自己休息之前会成为现实。的确，编造借口也是十分累人的，真的可以用"我实在太累了"去形容！

这些懒惰的借口是许多人在不知如何摆脱惰性时所采用的。其实，只要坚持一下，马上去行动，就会发现懒惰的借口不灵了。生活中不乏一开始找种种借口推脱，坚持下去之后，突然暴发巨大能量，把事情做得很漂亮的人。

所以，我们要设法在日常思维中输入活力。肯尼迪的传记作家亚瑟·施莱辛格援引肯尼迪的话说："我认为如果要选择一种必要的素质，那就是充满活力。充满活力不仅仅是许多高能量原子在人体内飞速地运转，还是一种积极的思维方式。你可以学习克服低能量思维的懒惰心态，并取而代之以一种积极、充满生机的人生观。"

低能量思维的懒惰心态大多不是身体的生理反应，这是一种长期形成的思维习惯，而且需要借口才能维持惰性心态。要克服惰性心态，就有必要学习更有活力、更有成就感的思维，推动一种充满积极心态的生活方式。无论你的生理年龄有多大，你都可以利用积极的思维将自己的成功、

别让借口害了你

幸福提升到新的高度。你的积极心态会要求你摆脱旧的懒惰心态,不再是一个懒惰者。

偷懒解决不了任何问题

人们一旦遇到问题和障碍时,总是找各种借口,找各种理由,其目的就是偷懒,把遇到的不利于自己的责任都推给别人,让别人承担。其根源是懒惰,不敢正视困难、面对现状,责任面前,经常选择逃避,把困难归咎给别人。

在竞争激烈的现代社会,每个人都要面对很多的问题。面对问题的时候,应该抱着解决问题的心态,而不是逃避问题,怨天尤人。

懒惰者最常用的借口就是埋怨与责怪,以退为进,为自己找借口,似乎总是他人不好,他人不对,极端的情况便是否定现实,扩大问题,以期用别人的同情来让自己偷懒,轻松自己。

我们经常会听见:"这不是我的错""我不是有意的""没有人告诉我""这不是我干的事""本来能做好的,但我……"

心理学家一针见血地指出了这些借口背后的潜台词。

"这不是我的错",是一种全盘否认。否认是人们在偷懒时常用的一种手段。当人们乞求别人原谅的时候,这种精心编造的全盘否定的借口便会脱口而出。

"我不是有意的",虽然语气不是那么理直气壮,但也是一种偷懒的借口,只不过请求宽恕的语气比较弱而已。逃避者希望通过这种表白,证明自己本无恶意,进而推卸掉责任。

"没有人告诉我",找这种借口的人,是想完全偷懒,是想借着装傻蒙混过关。

"这不是我干的事",是干脆直接地否认,想以此借口把该负的责任推

第06章　惰性大，借口是最大的元凶

脱掉。

"本来能做好的，都怪……"这种借口是想凭借扩大责任范围，推卸自身的责任。

找借口偷懒的人往往都曾侥幸逃脱，都因逃避了惩罚而自鸣得意过。这种心理强化使得自己越来越爱找借口。正因为有些偷懒的借口经常能够获得部分或完全的成功，才得以越来越泛滥，否则，人们就不会使用这种手段了。

为了偷懒，有些人选择掩盖真相、敷衍搪塞、编造借口、无中生有，言不对题或者真真假假、闪烁其词。这些欺骗伎俩并非总能奏效，但是其目的却极为明确：不过是想方设法偷懒罢了。

为了偷懒，多数人都会选择欺骗性的借口。多数人在"有利"与"不利"两种形势的抉择中，都会选择趋吉避凶的欺骗手段。通过各种"免责"行为，以图偷懒，保持良好的形象。

当一个人明知故犯一个错误时，除了会编造一个敷衍他人的借口之外，有时还会给自己找出迋当的借口心安理得地偷懒。但事实上，偷懒根本解决不了任何问题。

人们在偷懒的时候，经常会含糊其辞，或者故意隐瞒关键情况，或者干脆以欺骗的手段来逃脱批评与惩罚。比如说，工作拖拉的人，肯定不会轻易承认："我的报告交得迟是因为我不想让自己那么累；我才不在乎我的拖延会不会对别人造成影响呢？我不管做什么事情，从来都是看自己舒服不舒服。"相反，工作拖拉的人，面对指责的时候，肯定会说："真是抱歉，我家里出现了点事情，所以耽搁了。"或是其他一些夸大其词的带有欺骗性质的借口。

人们之所以喜欢编造借口，是因为借口编造得好的话，可以博取他人的同情心理。一旦赢得了他人的同情，那些偷懒的人就能免受惩罚，逃过一劫之后，自然会有很大的满足感和成就感。但是，随着编造借口的能力越来越强，撒谎的技巧也越来越纯熟，自己也就积习难改了。养成偷懒而喜欢撒谎的习惯，势必会影响自己的未来。

别让借口害了你

王茂如是家里最小的孩子,从小很受家人宠爱,但性格有点内向,不爱说话,学历不高。已经二十多岁了,工作了两年,但工作不积极,经常偷懒,引起领导的不满、同事们的疏远,后来干脆辞职在家。在家里天天只知道看电视、睡觉和吃饭。他害怕家人说他,总是避免跟家人碰面。即使吃饭也不和家里一起,总是等到别人吃完了他才去吃,一天到晚也不和家人说话。这让家人们很着急。

当一个人喜欢偷懒,就是踏上了一条不归路,就很难再有其他的选择了。如果你对事态的发展真的无能为力,只要如实说明情况,大多数明白事理的人是不会苛责你的。只有当一个人偷懒的时候,人们才会对他进行严厉的谴责。所以,不要一出现了问题,就想着如何找借口推脱。试一试,坦白一切,看看有没有补救的方法。

当然,人生在世,孰能无过。从出生时起,人就要与周围的世界产生互动。环境对人产生影响,但是人往往更能对周围的事物产生影响。人能够在众多选择中做出自己的决定,这说明人拥有主宰自身行为的能力,所以是否偷懒是个人选择的结果。

人应该为自己的行为负责。既然已经做了,就理应承受相应的责备或赞扬。但是有时,人们在做事情时确实会受到客观情况的干扰。比如:信息不准确、缺乏常识、时间紧迫或者精神不够集中,等等。所幸的是人类具有创造力,可以通过各种努力,把事情做好。当然,如果自己真是无辜的,完全可以通过讲事实、举证据和逻辑分析驳斥他人对自己的指责。但是,如果真的有偷懒行为,就应该接受别人的指责,主动承担责任,不要找各种借口推脱。

偷懒解决不了任何问题,只会让情况越来越复杂,还会影响人际关系。如果你辜负了朋友的重托、同事的信任,继而若无其事地找借口掩盖失误或者错误,一旦被识破,你和他们之间的关系就会遭到毁灭性的破坏。

勤奋的人不会找任何借口

一个敬业的人、负责的人，一定不会是懒惰的人。要走向成功，就要勤奋努力。只有不断努力，才能到达理想境界，过上自己想要的生活。即使有人天生没那么聪明，只要全身心地投入到事业中去，笨鸟先飞，也能到达自己的目的地。

梅兰芳在少年时代，曾拜一位老艺人为师，学唱京剧。老艺人教了他一些动作，特别是教他如何用眼神表现心理活动。可是梅兰芳怎么也学不会，眼神不知道往哪里放，目光也缺乏生气。老艺人说梅兰芳长了一双"死鱼眼睛"，在这一行没什么希望，不能收他为徒弟。如果梅兰芳就此气馁，转行干别的，也就没有后来的京剧大师了。老艺人的话虽然很严厉，但是梅兰芳坚持苦练眼神。日复一日，年复一年，他的眼神越来越有味道。

美国哈佛大学一位心理学教授认为，一个人在一生当中能否获得成功，智商的高低并不是决定性的因素。事实已经证明，很多获得重大成就的人，智商其实并没有多高。一个人如果想成功，必须把自己的全部热忱都投入到自己所从事的事业之中。正是靠着勤奋的精神、热忱的追求，很多看似平凡的人，才在科学、艺术和商业领域创造了无数的奇迹。对个人而言，成功与失败的分界点在于：有的人凭着勤奋全身心地投入，而有的人却怨天尤人。

爱因斯坦说："天才和勤奋之间，我毫不迟疑地选择勤奋，它几乎是世界上一切成就的'催产婆'。"爱因斯坦的这句话，一语道破成材之路。

也许你并没有想在某一学科有多高的建树，但是为了明天的生活更加美好，勤奋还是必不可少的。

别让借口害了你

电视剧《士兵突击》中的许三多以他朴实、坚韧的心态向我们阐述了一个深刻而又简单的人生哲理：不抛弃，不放弃，就能让不可能变成为可能。

许三多是一个不太聪明的人，但是他不找任何借口，肯吃苦，有毅力，他完成了即使很多聪明人也完成不了的事儿。最初他是呆板、懦弱的"三呆子"，后来他是不合格、没有优点的"许木木"，最后他成了人人都要高看一眼的"许三多"。

虽然这是虚构的人物形象，但是他的精神值得我们学习。坚韧之心，是成功不可缺少的心态。你可以不聪明、不灵活、没有经验、没有天赋，但是不可以懈怠、不可以不勤奋。没有一颗勤奋的心，再简单的事情也可能以失败告终。

勤奋的人总是埋头苦干，懒惰的人却总是抱怨。他们会借口上天的不公，家庭的不幸，配偶的不忠，孩子的没出息，其实在这些不幸之中，他做过多少努力？他又改变过什么呢？

心理学研究发现，多年的行为习惯可以决定一个人的品性。同样的行为重复多次就变得不由自己控制了，就会自然而然地做同样的事情，而人的品性也正是在多年的行为中形成。正因为人的品性受到思维习惯与行动方式的影响，面对问题，人们才会做出不同的反应，有的人养成了勤奋的习惯，有的人"懒惰"已经成了他的代名词。

有人可能会说："我勤不勤奋是我自己的事情，与别人无关。"你要是这样想，那就错了。因为你的懈怠，使工作无法正常进行，因为你的懒惰，让家庭经济陷入危机，让家人的幸福指数下降。当然，受到损害最大还是你自己，你的懒惰可能让你失去工作，失去家人对你的信心，失去最基本的生活保障。

懒惰会使人堕落，懒惰会使人失去能力，而唯有勤奋才是高尚的，才会给人以真正的幸福与快乐，别再为你的懒惰找任何借口，请记住那句谚语：早起的鸟儿有食吃。

第07章
留点心，看看谁正在找借口

Chapter 7

别人的借口往往是谎言，是试图对你隐瞒真相，所以，我们要会识别谁正在找借口。识别他人的借口，其实是一个探究对方心理的过程，我们可以通过外在的蛛丝马迹去识别借口，去窥视借口背后隐藏的真相。

找借口在语言中的信号

在交谈的时候，多数情况下人们会找借口，这是不可避免的事情。我们也不敢想象，如果人类没有借口，将会是怎样的一幅画面。

马萨诸塞州大学教授罗伯特·费尔德曼曾经做过一个实验，他发现参加实验的人，有60%的人在10分钟的交谈中，撒谎一次，其他的人撒谎两到三次。

这就是说，人们会在不经意间就找借口撒谎，可能根本就是无意识的。在这个问题上，男女并没有不同，大家都在找借口撒谎。有时候，可以将借口看作是保护自己的一种行为，这是很多人找借口的一个原因，另外一些情况可能是源于社交的需要，比如你不得不对一些自己不喜欢的人说好话，因为大家都是那么做的，即便有些人不喜欢你，也极少会当面指出这一点，否则的话，不但是你不会原谅他，就是别人也会认为这个人践踏了社会准则。

找借口的时候，和说实话的时候是不一样的。有些比较明显的信号，我们仅仅凭借日常生活中的一些积累就能一眼看出来这个人在找借口。但并不是所有的信号都能依靠日常经验就能分辨出。而且，尽管我们自己已经习惯了找借口，但还是不喜欢别人找借口敷衍和欺骗自己，所以就想尽一切办法看透对方，希望能得到真实的回应。这就需要看透找借口者的一些细微的信号。通过这些，就可以判定他是不是在找借口。

首先是眼神的反应。通常情况下，我们会认为一个人如果眼神游移不定、目光闪烁就是找借口，因为一个人在找借口的时候会心虚，所以眼神就会出现逃避行为，会内疚，所以就会看向别处。但事实并不是这样。有

别让借口害了你

些找借口的人的确会出现眼神漂移的情况,但是有些找借口的人会盯着对方看,凝视有控制对方的效果,他是想用这种方式来告诉对方,自己讲的是真话。另外,你知道别人找借口可能会有眼神漂移的行为,而找借口者也可能了解这一点,所以就会本能地做与之相反的动作,来证明自己是诚实的,所讲非虚。另外,人在思考的时候,转移视线可能是一种自然反应,不足以说明就是在找借口。另外一个被误解的找借口动作是眨眼过快。通常情况下,一个人正常的眨眼频率是每分钟 20 下,但是当他大脑处于高度思考状态,或者是神经过于紧张,压力很大的时候,也会有眨眼频率过高的情况出现。所以,如果一个人眨眼过快,频率过高,不一定就是在找借口,也可能是他感觉到面对的压力很大。

除了眼神的表露外,找借口者还会有一些其他的配合动作。这些动作能比较明显地说明这个人到底是不是在找借口。

通常情况下,一个人找借口次数的多少其实和他找借口的心理成熟度并没有太大的关联,最重要的是他撒的谎是不是影响较大。也就是说这个谎言是不是很紧要。如果不是很紧要的谎言,一个人在第一次找借口的时候,也会很紧张,这时候他会很不安,很焦躁,手部会出现一些很不自然的动作。比如他可能无意中搓自己的手掌,或者是挠挠头皮,摸摸头发。但是如果这个人经过很多次类似的事情,他就会很适应这种行为,也就是说,他已经知道人在找借口的时候会有一些手部的动作,而且这个时候的心理素质也变得更好了,所以当他再找借口的时候,表现出的不是更不安,而是更安静,甚至比平时安静。如果出现这种情况就说明他在找借口,而且已经是找借口的高手。

眼神和手的动作对找借口者而言,时间一久,就能处于他们的思想意识控制下,所以如果从这两个方面进行分辨,难度会比较大。不过除了这两个部位的一些细小动作外,人身体的其他部位在找借口的时候,也会有些很细微的反应。比如脚,还有腿。人在找借口的时候,双脚或者腿会有一些很细微的动作调整,这个调整当事人自己是不知道的,是纯粹的无意识动作。

此外,找借口者在找借口的时候,会经常用双手捂住自己的嘴。这个动作多数情况下是不自觉的一种行为，是希望能用这个动作来掩饰自己找借口的事实。

通过潜意识让借口露出破绽

人们大都讨厌他人对自己隐瞒真相，于是，很多人想找到一种让他人无法在自己面前隐瞒真相的方法。这里，有一种叫做"类似剧情"的方法，能够让你在几分钟之内发现对方说的是借口还是真言。

在一套合租公寓内，王小来发现自己的东西总是莫名其妙地丢失，他怀疑是另外两个合租的同伴中的一个偷的，那么自己怎样锁定嫌疑目标呢？

显然，如果王小来直截了当地询问合租者："嗨，经常私自借用我东西的人是你吗？"这不仅会让对方产生极强的防卫心理，使取得事情真相的难度加大，而且很有可能引发一场争吵、甚至打斗。无疑，"类似剧情"法才是王小来最好的选择。

一天，王小来找了个机会，跟大家一起吃饭，边吃饭边放影片，当然影片的内容是有关小偷的。放到小偷偷东西的情节时，王小来像话家常一样说："现在的小偷还真不少，我在公车上都掉过好几回东西了，不知道有什么办法能让小偷偷不到东西！"

王小来找了一个很好的借口。

这时，清白者可能会提些建议，并分享一些自己的类似经历。然而，如果是偷东西的人，往往会表现得非常不自然，并急于与"小偷"撇清关系，或者狠狠地诅咒小偷；或者试图尽快转移话题……这样，很容易就能够从自然与不自然的反应中，锁定嫌疑目标，以做进一步观察。

这就是"类似剧情"法，有过与"类似剧情"类似经历的人和没有的人，对类似剧情所做出的潜意识的反应自然是不同的。利用这种方法，你就能够有效地判定对方是否对你有所隐瞒。

假如一个人找借口，是不可能在"类似剧情"面前表现得毫无破绽的，潜意识会使他露出最直接的破绽。所以，无论何时，只要你想知道某人是不是做了什么事，你都可以采用"类似剧情"法，保准能让你获得真相！

利用这一策略的时候，一定不要有激动的情绪，不要让对方看出自己对他有任何的怀疑。

如果察觉到对方在找借口，暂且不去理会他，只要把重点放在如何才能使他解除心中的戒备就可以了。这个道理就与闭得紧紧的海蚌一样，愈急着把它打开，它就闭得愈紧。假如暂时不去理会它，它就会解除心中的戒备，一会儿它就自然地打开了。

正在找借口的人在心里一定会先把自己武装起来。"怎样使对方除去武装"就是关键所在。假如这时你正面跟他冲突，他一定会强词夺理把你反击回来。

例如你对说找借口者说："你有什么话就干脆直说好了，不用跟我兜什么圈子。"这样去攻击他，是不会产生效果的。你应该在对方有些动摇时，找出他的弱点去攻击他。不过，如果对方硬要坚持他的谎话，那么这一招就不灵了。这时，你就必须另想办法使其解除武装。

那么究竟要如何才能使对方解除心中的戒备呢？

首先要使对方具有安全感，如果对方是为了保护自己而找借口，你最好这样说："你把实话说出来。没关系的，事情不像你想象的那样严重。"

这样一来，他就会认为自身的处境已经很安全，不会顾忌说出实话会有什么不良的后果。因此，在这种情况下，想要叫他说出实话是很容易的。

要使对方产生安全感，首先必须使他对你产生信赖，他对你产生信赖之后，才会对你吐出真言。

利用循循善诱的方法套取对方的口供，要比使用强硬逼供的手法更容易达到目的。当然，假如你只是装出笑容来讨好对方，那对方就不会怕你了。你必须做到让对方认为"我实在不敢对这种人找借口"才行。简单地说，你要运用技巧，使对方因为你的影响而把实话完全吐露出来。

还有一种技巧与上述所提的完全相反，那就是故意把自己装成很容易上当的样子，使对方对你没有戒心而很自然地把心里的话说出来。

换言之，就是让对方产生优越感，使他在得意忘形之际，无意中露出马脚。这种方法用来对付傲慢的人最好不过了。

听说美国的律师在法院开庭审问时，也常会反复地运用这种方法，但是假如太露骨的话，就会漏出破绽，无法达到目的。

追根究底有时也能使对方解除心中的武装。假如对方仍有辩白的余地，他一定会坚持到底，因此，只有在他被逼得无法再为自己辩解时，他才会自动解除武装，说出实话。

我们常常可以在报纸上看到某人由于精神过分紧张而自杀的消息，对于此类事件，我们没有办法给他们下一个完美的定论，但我们很容易看出，他们实在是被生活中的某种因素逼迫得无法透气才这样做的。

面对他人找借口，最好不要一上来就让自己表现得很聪明，说什么"我一看就知道你在找借口"之类的话，这样一来会给对方带来心理上的压力，搞不好会引起激烈的抵抗，甚至发生意料之外的冲突。

注意找借口者的鼻子和嘴

借口虽然表现在语言上，体现在行动上，但具有很强的隐蔽性。要想知道对方是不是在找借口，就要注意他的鼻子和嘴。

有一个暴露借口的姿势是捂嘴。发生这种情形时，看起来好像是找借口的人非常警惕地捂住了欺诈的源泉。这样的人假定，如果人们看不到自己的嘴，就很难判断自己是不是在找借口。捂嘴听起来是一个很简单的动

别让借口害了你

作，但是我们要会从细节上去观察。美国中情局会通过"捂嘴"的小细节判断一个人是不是在撒谎。他们发现，一个人用手完全掩住嘴巴，用手支住下巴，到一根手指悄悄摸一下嘴角，这样的动作就是企图掩盖借口。

除了捂嘴之外，摸鼻子也是撒谎者的习惯动作。通过摸鼻子，找借口的人会瞬间获得心理安慰。心理学上认定，摸鼻子是捂嘴的一个替代行为。

但是，有些心理学家在研究了人的微动作后认为，摸鼻子是欺骗的标志，但是这个动作和捂嘴没有关系。

美国人阿兰·赫希与查尔斯·沃尔夫认为，摸鼻子是欺骗的标志，但是这个动作和捂嘴没有关系。两个人对比尔·克林顿1998年8月给大陪审团的证词做了详细的分析，那时候，克林顿否认自己曾与莫妮卡·莱温斯基有染。

他们研究了当时的庭审录像发现，当克林顿说真话的时候，他几乎不会碰自己的鼻子，但是当他在与莫妮卡·莱温斯基发生韵事的问题上找借口时，他会不时地摸一下鼻子。赫希管这个叫"匹诺曹综合症"。赫希指出，人在找借口时，鼻子会充血，人们通过摸鼻子或擦鼻子缓解这种不适的感觉。赫希从生理学的角度指出了自己推断的合理性。

对于赫希"匹诺曹综合症"的说法，也有很多人持反对意见。一种观点认为，有些人摸鼻子仅仅是紧张引起的，而不是借口的信号。另一种观点认为，人在找借口时，会产生焦虑和害怕的情绪，而这些情绪都与鼻腔的血液枯竭有关。也就是说，这些情绪会导致血管收缩，而不是血管扩张。罗格斯大学的马克·弗兰克通过试验研究表明，摸鼻子并不是一种普通的欺骗信号。

马克·弗兰克找到100位喜欢摸鼻子的人，并请他们周围的人对这些人摸鼻子的行为加以记录，最后，弗兰克让摸鼻子的人如实说出自己摸鼻子的原因，但是，很少有人说是因为撒谎才摸鼻子，摸鼻子的原因各不相

第07章 留点心，看看谁正在找借口

同：有的是因为感觉不舒服，有的是无意识的，有的是习惯性动作，等等。这些人和弗兰克素不相识，他们不可能为此隐瞒什么。

现在，比较统一的观点是摸鼻子并不是人人适用的欺诈标志，它可能只是某些人的商标式身体秘语。

雷·伯德惠斯戴尔说，有些人在另一个人面前擦鼻子，显露出他并不喜欢对方的心理。他举例说：对非洲土著人来说，擦鼻子和单词"No"一样，是表示拒绝的标志。根据这种解释，可以把比尔·克林顿在大陪审团面前摸鼻子，视为他对质问者的不满情绪，而不能把它视为揭露他正在为自己找借口开脱的线索。

我们要意识到，当人们试图掩饰自己的情感时，他们的脸会接受到两套截然相反的指示：大脑自发的程序要求面部展示真实情感，而自觉的程序则要求面部呈现出伪装的表情。为了使伪装有效，自觉的程序必须占有优势。于是，人的真实情绪就被隐藏起来了。成功的掩饰取决于几个因素，包括掩饰自己情绪的能力、被压抑的情绪的强度。某种情绪太强烈时，有可能会压倒用来压制它的努力，于是伪装的情绪就会让位于真实的情绪。

不过，也有这样的时候，真实情绪瞬间崩溃，伪装的情绪瞬间恢复。人们显示真实情绪的片刻被称作"瞬间表情"或微观身体语言。它们是极快的，也是极短的，一般不会超过1秒，有时候只有1/25秒，相当于标准摄影的单帧图像！人们并不知道，自己什么时候发出了微观身体语言。绝大多数人即使看到了，也不会在意。不过，警察之类的人物在经过培训后，能对之加以识别。他们还能运用它们去阐释他人的行为。

别让借口害了你

一顿酒能看出谁在找借口

在不同的国家、不同的民族都有非常热爱酒的一群人。我国的酒文化由来已久。一直有"无酒不成席"的说法。酒在我们的日常生活中扮演了重要的角色。尽管它不能算作是一种饮料,过度饮酒也不是一种健康的生活方式,但各个大型卖场里陈列着众多品牌的名酒,很多价格高昂,但却不缺顾客。

酒,尤其是白酒,它的酒精度数是很高的,对麻痹一个人的大脑效果很好,古代的华佗做麻沸散就是受到了喝醉酒的人的启发。人们经常将酒和一个人的思路敏捷联系在一起。比如说古代某某诗人一喝酒就思如泉涌,下笔如有神。灵感和酒精联系在一起,不能说不是一种创造。不管是真是假,我们姑且就相信是真的,但是酒精对人的影响,这种正面的效果只是个案,并不能代表大多数。我们经常能见到一个人喝醉酒之后胡言乱语,但是从来就没有见过谁喝醉了,还能像平常一样清醒。

所以,我们可以用酒去鉴别那些爱找借口的人,分辨出哪些话是他的借口,哪些又是真言。

对于醉汉,他们讲的话,我们一般倾向于两种态度,一是根本就不能相信;另外一种态度就是全部信任。所谓"酒后吐真言",认为人在喝醉酒之后,大脑是不受自己控制的,这时候表达的意思是最真实的内心想法,平时因为受到各个因素的制约,所以一直在压制着,喝醉了正好可以发泄一下,所以他们不会再找借口,讲出来的就是真心话。

我们经常能在电视剧中看到这样的情节,不管是正面人物,还是反面角色,如果想套一个人的话,最常用的一招就是拉他去××酒店喝两杯,喝着喝着就把他灌醉了,之后就套出了真实情报。

第07章 留点心，看看谁正在找借口

其实这是很没有根据的。对于一个人的酒后直言，不能尽信，也不能不信。这并不矛盾，因为要看具体的情况下结论。

之所以做出这样模糊的定性，是因为我们首先要对一个人的醉酒状态做出界定。喝一点可能是高了，再多一点可能是微醉，多得不能再多了，可能就是烂醉如泥了。不同的酒醉状态，讲出来的话是不一样的。不能用同一个标准对酒后的话做出是不是"借口"的判断。还需要具体问题，具体分析。

首先是微微的有点醉意。这时候最明显的判断标准是看他讲话是不是有逻辑层次。如果他的话逻辑感很强，就说明这个人的理智并没有受到酒精多大的麻痹作用。大脑还是在当家作主的，所不同的是话比平常多了。能助兴是真实的，这时候他会神采奕奕地和你说长道短，唾沫横飞，亢奋不已。对于那些平时不经常说话，言谈不多，城府很深的人来讲，这时候的反差是最大的。他们很愿意和你聊天，聊一些平时可能不会触及的话题。所以如果你想和他聊什么，这时候是个很好的时机。但是不要试图去获得什么，或者试探他。因为这个时候，是他的理智在控制自己的思维，只是稍微兴奋一点而已。所以对他讲的话并不能当作是"酒后吐真言"，要有所选择，这时候你得到的信息可能比平时多，但需要甄别，要有一个去粗取精，去伪存真的过程。

其次就是酒意更进一步了，也就是初醉。酒精的麻痹作用开始显现威力，他的理智开始不受自己大脑的控制，讲话的内容有些是不经过大脑的加工了。这时候他的话一般会很多，如果你中间打岔，或者是你想讲点什么，都很困难，只能听他一个人讲，很亢奋，表情看上去一本正经，没有半点马虎的意思，态度很肯定，斩钉截铁，而且他显得似乎很神秘，即便是没有讲到神秘的内容，也要造出神秘的气氛来，希望别人能认可他讲的话，不容许别人讲他的不是，不过这个时候，他的理智还是占上风的，逻辑开始混乱，但是合理。没有前后打架的情况出现。这个时候谈话的内容逐渐开始接近一些他平时最内在的想法，或者是平时不会讲出来的东西，能够比较真实地表达自己的内心世界。所以这个时候是获得真实信息的最

佳时机，不可错过。

初醉过后就是大醉。这个时候人已经没有什么理智可言，最明显的表现是逻辑关系混乱，前言不搭后语，刚刚说过的话，会重复很多遍，对于这时候的话，可以概括为"有内容，没思想"，已经过了获取信息的最好时机。再往后就是沉醉了，是那种不省人事的醉，多半要倒下，即便是硬撑着，一时没有倒下来，也语无伦次，讲出来的话"没有内容，没有思想"，除了"呜呜"声，基本上没有什么内容了。

如果想用酒识别对方是否喜欢找借口，首先是自己不能醉，其次是对方也不能烂醉如泥，最后还要在他初醉的时候，和他交谈，然后努力、认真、仔细地听他说的话，这个时候基本上是他内心最真实世界的声音，不能因为是酒后之言，不足为信而忽略。

有些人为什么很难识别借口

有人认为，相互熟悉的人之间，彼此很容易识别对方是不是在找借口。这其实是一个误判，很多人不信这样的论断。我们来看以下的例子：

老公对他的老婆这样说：
"认识你的那一天是我一生中最美好的日子。"
"你是我能娶到的最好的老婆。"
"你是最漂亮的女人。"
准备参加聚会时，妻子问老公："我穿这衣服好看吗？"
这时候，丈夫会回答："好看，很不错。"
听到这些话，老婆往往很高兴，很少有女人觉得这是男人敷衍自己的话。

人们往往很得意于自己能够识破他人的借口，特别是在那个撒谎者是自己很熟悉的人的时候。殊不知，找借口的人已经做好了被你识别的防备。家长告诫孩子永远不要为不学习找借口，因为他们"太熟悉这些借口了"。年轻人声称他女朋友永远瞒不过他，因为他能完全"看透她"。实际上对"识破借口"的研究表明，无论家长还是那个年轻人也许都错了，因为人们只能发现他们遇到的56%的借口。研究还发现，虽然人们变得越来越熟悉，但识破对方借口的能力却没有相应提高，有时甚至更差。

造成这种状况的原因有多种。其中之一是，随着越来越熟悉，人们对自己识破对方借口的能力更加自信。尽管如此，准确度却没有相应地增加，通常只是人们的自信增加了而已。而且，当人们更加了解对方的时候，他们可能在自己的分析能力中加入了更多感情的因素，这也限制了他们识破对方的能力。最后，因为每个人都已经知道别人正在寻找何种类型的迹象，所以他们能够调整自己的行为，来减少被识破的几率。

人们很难识破熟人的借口，还有如下一些原因：

1. 阈值的设置

个人对于借口流行程度的假定，能够决定他们识别找借口者与诚实者的能力。那些非常信赖他人的人希望他人不会欺骗自己，所以可能把自己的识别阈值设置得非常高。结果他们能准确地识别诚实的人，但不能识别是不是在找借口。高度怀疑别人可能产生相反的问题——因为他们把阈值设置得很低，不费力气就能识别大多数找借口者，但却不能识别说真话的人。政府官员就是极好的第二类情况，他们总把自己的借口识别器的阈值设置得非常低。他们能成功识别找借口者，原因在于他们认为每个人都在找借口。

2. 直觉

最近的研究发现，与把判断建立在迹象的基础上相比，依靠直觉识别找借口的人，其准确性更低一些。甚至，说到识别骗局，直觉通常是障碍而不是帮助。

3. 多重原因

人们往往错误地认为，只有特殊的动作才是识别欺诈的线索。例如，找借口的人，说话时摸鼻子就不由自主地泄露了一个身体语言，这就是找借口的信号。这些假定忽视了一个事实，行为和言语有时候能提供找借口的线索，但有时它们提供的是与找借口无关的一种精神状态的线索。

4. 找错方向

人们不能识别借口，因为他们在错误的地方寻找线索。人们注意的往往是他们认定对方露出马脚的部分，如闪烁的眼神，或者心不在焉地玩弄手的动作。人们提到的另一些不诚实的信号是微笑、快速眨眼、长时间的停顿、说话太快或太慢。

所以，遇到熟人，我们应该综合运用各种识别借口的方法，这样，才能看准对方是不是在找借口敷衍你和欺骗你。

第 08 章
没借口，做人太直会害死你
Chapter 8

　　借口难道真的一无是处吗？当然不是。我们在施行温婉的处世原则的时候，借口很重要，在为人处世的过程中，为了和谐人际关系，避免伤害他人，这种情形下的借口，具有非同寻常的价值。因为一个借口，能让自己走出困境，能避免伤害他人。

想要拒绝，不妨找个好理由

心理学家研究发现，当一个人想要拒绝别人的时候，心中马上就会搜索各种借口，看看哪个借口更为合适。

姐姐：小美，你能不能陪我一起去逛街呀？

妹妹：天这么热，我可不想和你去逛街。

姐姐：为什么？商场里都有空调啊？

妹妹：你难道不知道你有狐臭吗？真的很难以让人靠近，所以，我是不会和你一起逛街的。

姐姐：不去就不去，别说我身上有狐臭，我看是你自己害怕出去见人吧？不想去就不去，何必说这种话！

妹妹：我好心好意告诉你，你居然这样，好，好，好，算我没说！

两姐妹因为这样一件事闹翻了。

生活中，我们经常会遇到要拒绝别人的事情。不管是什么事情，或者是什么原因，在找借口拒绝别人的时候，一定要讲究方法和原则，不能因为找的借口太过不当从而伤害了别人。

心理学告诉我们，每个人都需要尊重和获得别人的重视。因此，当遇到别人来找我们帮忙时，如果我们不能帮别人，就需要找一种最合适的借口来拒绝别人。

正如一位教授所说："求人办事固然是一件难事，而当别人求你办事，你又不得不拒绝的时候，也是叫人头痛万分的。因为每一个人都希望得到别人的重视，同时我们也不希望给别人带去不愉快，所以很难说出拒绝别人的话。"

别让借口害了你

简单生硬地拒绝别人肯定效果不好，拒绝别人是要讲究技巧的：既要拒绝对方的不适当的要求，又不能伤害对方的自尊，同时又不能损害彼此的正常关系，因此，拒绝别人真的是一门艺术。拒绝别人的时候，得体的用语可以把不快减少到最低，并得到对方的谅解和认可。要想达到拒绝的目的，又不使人难看，就要找一个好借口。

顾客要进仓库看看，销售人员如果直接拒绝，一定会让顾客难堪；销售人员如果不拒绝，就怕以后顾客都会这样做。因此，高明的销售人员，就会找一个借口。比如：前几天经理刚宣布过，不准顾客进仓库，所以，对不起，我做不了这个决定。潜台词就是：这个问题比较重要，我个人决定不了，你还是别这样要求，让我为难了。

在卖东西时，店员往往会使出浑身解数，想把东西推销给顾客。站在店员的立场，店员的行为当然是可以理解的，但是你如果是购买者，不懂得拒绝，难免会买回一大堆无用的东西。

面对店员的热情推销，你可以这样说："不知道这种颜色我丈母娘会不会喜欢。""要是送给我母亲，我选我喜欢的就行了，但这是送给我丈母娘的，送这个不知道她会不会喜欢？我还是回家问问她再说吧。"

显然，这些借口都是非常笼统的，用这种笼统的借口加以拒绝，当然要比直接说出对对方货物的不满意要好得多。

在日常生活中，如果不是原则性问题，实在难以拒绝，应承下来帮忙办了也就办了，但是，在正式场合，比如谈判中，遇到你必须拒绝的事情，而你又不愿伤害对方的感情，这时你可以寻找一些借口。以下这些借口，可以供你借鉴：

对不起，关于你提的这一要求，我实在决定不了，我必须与公司领导商量一下。

那你看这样行不行？待我向领导汇报后再答复你吧。

这个问题我们一时讨论不出答案，就让我们暂且把这个问题放一放，先说说其他的细节吧。

这样的借口，既可以摆脱窘境，不伤害对方的感情，又可使对方知道你有难处，不好意思再步步紧逼。

有一位广告公司的招聘人员曾说，对那些携带自己的画来应征美编的年轻人，如果不满意他们的画，不能录取他们，自己会用如下委婉的借口打发他们走："这幅画我有些看不懂，请画一些我能看得懂的画再来吧……"

这种拒绝，很委婉，很笼统，意思其实很明显。"你的这幅画我有些看不懂"，那么"我能看得懂的画"又是什么？对方不清楚他的意图，怎么画？这样，对方失去了进攻的目标，也没办法纠缠。这种借口，可以不让人感觉到被拒绝，却巧妙地达到了拒绝的效果。

遵循原则，为了拒绝他人而找借口，看似冷漠不近人情，但仔细品味之后，我们却能体会到它的深刻内涵。这一理念强化的是想尽办法去化解难题。为了拒绝他人而找借口，体现的是一种负责的精神，一种很好的执行能力。

为难时，要寻找合适的借口

马休尔说："什么都不拒绝的人，很快会变得没什么可以拒绝了。"生活中不可能不需要拒绝，拒绝需要一些技巧，而借口是摆脱一切干扰的艺术。

为拒绝别人而找合适的借口，其实就像生活中的善意的谎言一样，属于一种必不可少的社交手段。这种社交手段不仅能够维护别人的尊严，能够保护我们自身的利益，而且更有利于建立和谐美好的人际关系。

为拒绝找借口的原因很多，其中一种原因是拒绝非常伤害人的自尊。

别让借口害了你

很多时候，我们之所以要拒绝别人，是因为对方的一些问题。俗话说得好，当着矮子别说矬。如果是因为对方身上的一些原因导致我们拒绝了他，当他知道了真相，或许彼此之间的关系就会破裂，就难以再挽回了。千万要记住这一点，伤害别人的自尊心是最要不得的一种行为。一般来说，身体上的伤很快就会痊愈，但心灵上的伤害则是长久的。所以，拒绝别人一定要找一个好一点的理由，千万不能什么都实话实说。要知道，生活中有很多时候是不能实话实说的。

找好合适的理由拒绝别人，不但能为别人找台阶下，而且也会使我们赢得别人的信赖和支持。一个懂得拒绝别人的人，必定是一个善于维护自身利益的人。所以，我们要学会怎样去拒绝别人，这也是在保护自己的生活，不要跟着感觉走，想说什么就说什么。

在人际交往中，寻找合适的借口拒绝别人是必须要做的事情，无论是什么原因使我们不想答应别人的请求，都不能由着自己的性子口无遮拦地加以拒绝。有时候，即使是别人的错误也不能直接说出来，一定要找到合适的借口和理由，不要因为一个借口，让自己没有了退路。一个合适的借口，就是一个善意的谎言，有时候善意的谎言能够很好地维护别人的自尊心，也能够很好地建立自己的人际关系网。寻找合适的借口拒绝别人，才能使自己的未来之路越走越宽。

在想要拒绝对方的时候，很多人都会产生一种"不好意思"的心理。这种心理阻碍了人们把拒绝的话说出口。由于这种矛盾心理的存在，心情就会变得很糟糕，态度上就不那么坚决了，说话就一副吞吞吐吐、欲言又止的样子。在这种"不好意思"心理的制约下，想拒绝的事情没有拒绝，往往是依照对方的意图行事。即使拒绝了对方，其态度很容易使对方产生误解，认为你成心不想帮他，不够朋友。因此，要想使自己在工作和生活中，不致惹出许多麻烦，首先要克服这种"不好意思"的心理。

找借口之前，首先要明白自己有说"不"的权利，完全不必因为拒绝了别人而感到不好意思。这样，在拒绝的时候就会心情坦然、举止大方、态度坚决，避免被误解和猜疑。即使对方开始会对你的拒绝产生一些失望，但由于你的态度明确、坦诚，使对方受到感染，就弱化了对你的不满心理。如果你自己都觉得拒绝不应该发生，还没开口说话，心里就发虚，那么你迟疑不决的表情，就会让对方觉得你拒绝的理由是不可信的，从而从心理上对你不满。

我们在懂得接受的同时，也要懂得拒绝。在日常的工作和生活中，很可能会遇到下列情形：一个你并不太熟的人找到你，非要向你借钱不可，但你心里很清楚，如果借给他肯定是肉包子打狗，一去不回；你的顶头上司让你违反相关规定去做一些事情，你知道做了之后，一旦出事了，自己可能跳到黄河都洗不清，但是碍于上司的情面，不知道怎么办才好。

其实，像这种明知道会产生坏结果的事情，或者有违道德和法律规定的事情，是要加以拒绝的。可能你会想，拒绝之后，就要伤和气，引人反感，被人误会，甚至积怨。其实，只要你开动脑筋，完全可以做到两全其美。既不得罪他人，又拒绝了他人。这种两全其美的办法就是运用智慧找个借口，找个托辞，拒绝他人。

你不妨去翻一翻历史书，找一找历史名人们说过的话，是否有适合自己目前处境的名言。如果有的话，则可以借助名人的话，向对方表达自己想表示的意思。例如，可以用"孔子曾说……"的方式来表达（暗示）自己目前的心境。这样一来，对方的感受往往也不会再那么强烈，进一步想想，觉得你说的也有道理，就不再坚持他的要求了，而你想拒绝的目的就达到了。

借口找得巧，说法给得妙

借口不能随便找，借口找得巧，说法给得妙，就能让事情顺顺利利办成。如果借口找得太过拙劣，或者一个借口反复用，势必会被别人看穿，自己落得尴尬。

别让借口害了你

在唐朝，武则天执政期间，严禁捕杀动物，连河里的鱼也不能随便宰杀。由于这种政策的存在，人们很少在饭桌上吃到荤腥。

当时，御史娄师德被派到陕西任职。他一到陕西，厨师就做了一道肉菜。娄师德自然心里很高兴，但是面色严肃地问："全国都在禁止宰杀动物，这里怎么会有肉？"

厨师恭恭敬敬地回答说："是豺把羊咬死的。"

娄师德不紧不慢地说："这豺还真是懂事。"负责接待的人自然明白娄师德的心意。过了一天，厨师又为御史娄师德献上一条鱼，请他享用。娄师德又问："全国都在禁止宰杀动物，这里怎么会有鱼肉？"

厨师微笑着说："是豺咬死了鱼。"

娄师德听了，假意叱责厨师说："你真是太蠢了，难道不会说是獭咬死的吗？为什么总是豺咬死的呢？"厨师听了非常尴尬。

看来借口不能随便找，借口要找得巧，说法要给得妙。借口找得好，是一个人智慧的体现。

大文学家欧阳修，不喜欢佛教，如果有人当着他的面谈佛论道，他往往会给人家脸色看，让人下不来台，但他的小儿子的小名却叫"和尚"。

于是，有人问他："您既然不喜欢佛，对和尚没有好感，为什么给自己的小儿子起名为'和尚'呢？"

欧阳修笑了笑，答道："这正是因为我不喜欢佛的缘故。就像如今人们常常用牛、驴、石头、狗蛋来给自己的孩子起名字一样。"

很明显，欧阳修是在找寻借口，解释自己的所作所为，一般人面对这种情况，可能会一时语塞，无言以对，欧阳修能找出如此令人信服的借口，正是机智的表现。

有一个刚毕业的大学生，到一家合资公司应聘。公司主管递给他一张名片，大学生太紧张了，匆匆一瞥，脱口说道："藤野木同，您是日本人啊，离家那么远，在这边工作，真是令人佩服！"

主管微微一笑，说："我姓藤，名野桐，跟你一样，是地地道道的中国人。"大学生觉得很尴尬，看来自己说错话了，马上诚恳地说："对不起，您的名字使我想起了鲁迅先生写的藤野先生。他对鲁迅的影响很大，让鲁迅受益终生。希望您以后多多指教。"藤野桐先生觉得这个大学生很聪明，能够很快转换话题，思维很敏捷，顿时对他高看一眼。

人难免都有说错话的时候，说错了话怎么办？怎么才能及时收回呢？其实，错话一经出口，在简单地致歉之后，可以找个借口，将错就错、借题发挥，以幽默风趣、机智灵活的话语改变尴尬的气氛，使听者忘记说错话的人所带来的不快。

以"善意的谎言"为借口

我们都知道，撒谎并不是一件好事情，但是，在各种各样的交际场合为了避免让人难为情，有的时候我们需要以一些善意的谎言为借口。善意的谎言是人际交往的润滑剂，更是一种生存的智慧。

善意的谎言，在人际交往中是不可或缺的。当得知亲人病重时，当获悉朋友遭难时，我们就会说一些与实际情况完全不符的谎言。有一些谎言在形式上与真诚相违背，但在本质上却吻合于人的心理特征。任何人都不希望被否定，任何人都希望猜测中的坏消息最终是假的。为了在一些特殊情况下，让人们许多合理的心愿暂时不被毁灭，善意的谎言就是最好的安慰。

冰可的丈夫刘力，是一家医院的主治医生。一天晚上，夫妻俩正在一起吃晚饭，刘力的电话突然响了，值班医生说刚刚送进来一个重病人。刘

别让借口害了你

力听完二话没说，放下筷子就跑了出去，林可也随他一同赶到医院。

来到医院，一看到病人林可就吓了一跳，只见病人全身是血，膝盖以下几乎体无完肤，意识模糊、眼神呆滞，口里接连发出令人惊恐的惨叫声……

说实话，看到病人这幅样子，在场的人都觉得救治的希望很小，就连刘力心中的第一个念头也是：糟了，他恐怕是没救了。但他却毫不迟疑地对病人大声说道："坚强一点！这一点伤算得了什么，我马上就会把你治好的，你一定要撑下去！"

医护人员立即将病人抬进了手术室，大约过了一个半小时之后，刘力才从手术室走了出来。

在回家的路上，林可忍不住问刘力："你见到伤者时，你真的以为这样的伤算不了什么吗？"

刘力说："当然不是，他其实伤得很严重，大量出血，腰也扭断了。"

听他这么说，林可便打趣道："那么，你不是在说谎欺骗病人吗？"

刘力若有所思地回答说："是啊，医生是不应该说谎的，但有时却不得不如此，像刚才的情形，如果我实话实说：'这么重的伤，一定没有救了。'那病人就会丧失生存的意志，大概会当场就死去。所以，我认为说谎有时是很有必要的，也是很有益处的。"

听到这番回答，林可不禁产生了一种由衷的认同感："是的，你说得很有道理！不过，你可不要对我说谎。"

"那当然，我怎么敢呢？"

第二天，刘力一大早就赶到了医院。等到了中午，林可打电话向他询问病人的情形，幸运的是病人逃过了死亡关。

不错，虽然许多谎言明显与事实不符，但有时却非说不可。

比如，当遇见一个熟人，你问他："吃了没有？"他回答："吃了！"其实他可能根本就没吃。明知道是谎言，谁也不怪谁，因为这样的谎言不影响人品，大家也不把这样的谎言看得多么严重。

又比如，好医生为了救治病人，会耐心地告诉病人说："你的病无大碍。"让病人用积极乐观的态度配合治疗。也许病人已经病入膏肓，但是这样的谎言体现了人文主义的关怀，病人家属明知道是谎言，也会帮着医生把说谎进行到底。

再比如，你远在他乡打工，父母每次打电话都会关心地问："孩子，你在外一切都好吗？"为了不让父母担心，尽管工作没着落，或工资被拖欠，身上的钱仅够打完这个长途电话，恐怕你也要"说谎"："爸妈，我很好，你们尽管放心！"

《柏拉图对话集》中记录了古希腊哲学家柏拉图和弟子的一段对话：

柏拉图：你们认为说真话好，还是说假话好？

弟子：那当然是说真话好。

柏拉图：如果敌人来探听我们的情况，这时候，你是对他说真话还是说假话呢？

弟子：那当然只能说假话，蒙骗他，而不能说真话，把真实情况告诉他。

柏拉图：小孩子生病，不肯吃药，如果你当面说谎，说这药是甜的，不懂事的孩子可能信以为真，就吃了药，病也就好了。你们以为这里说的谎话是好，还是坏？

弟子：为治好孩子的病，说谎话哄骗孩子，是必要的，是好的。

的确，谎言在特定的情况下，不仅是很有必要的，也是很有益处的！尤其是当我们得知亲人病重，当我们获知朋友遭难，出于关怀对方的考虑，我们不便将事实真相直接说出来，而应该编织一些美丽的谎言，去宽慰对方，这样做能体现出我们的善良、爱心和友好，怎能加以指责？

正如18世纪杰出的小说家菲尔丁所说："在某种情况下，撒谎不但是可以谅解的，而且是值得嘉奖的。"但编织美丽的谎言并不比说真话容易，只有遵守以下三大规则，你编织的谎言才能令人信服，也才能起到好的效果。

别让借口害了你

规则一：合情合理

这是谎言得以存在的重要前提。在你编织某个谎言的时候，要尽量显得合情合理，以消除对方对你抱有的戒备与警惕，这样对方自然而然地就会相信你编造的全部内容。

规则二：模糊表达

当我们无法表露自己的真实意图时，就可以使用一种模糊不清的谎言来表达真实。比如当一位女友穿着新买的时装，问我们是否漂亮，而我们觉得实在难看时，便可以使用模糊的谎言，回答说："还好。""还好"是什么概念，是不太好或是还可以？这就是谎言中的真实，它区别于违心而发的奉承和谄媚。

规则三：辅以掩饰

为了使谎言听起来更可信，还应当辅以必要的掩饰。比如，妻子患了不治之症，不久就要离世，丈夫为之极感颓丧。但为了不让妻子知道自己的病情，他就不应该向妻子流露出痛苦的表情，而应该把痛苦悲伤掩饰起来，带着笑意安慰照顾妻子，使妻子在生命的最后时刻尽可能快乐。

找个借口，让对方缓解尴尬

在社交场合，每个人都在尽情展示自己，因此都格外注意自己的社交形象，都会比平时表现出更为强烈的自尊心和虚荣心。在这种心态支配下，如果谁下不来台，会万分在意，产生强烈的反感，甚至埋下仇恨的种子。同样，如果在尴尬的气氛中，有人为自己提供了一个台阶，使自己保住了面子、维护了自尊心和虚荣心，自己就会对这个人产生感激，产生更强烈的好感。根据互惠关系定律，对于今后的交往，会产生深远的影响。

某公司与一外商洽谈一项业务。时间一到，该公司的经理就带着谈判人员走进谈判室，外商方面的谈判代表与其漂亮的女秘书早已等候在那里了。当彼此握手时，该公司的经理发现外商代表的脸颊上清清楚楚地印着一个鲜红的唇印。在这种场合，出现这样不雅的印记，真是太尴尬了。

就在这个时候，外商的女秘书也发现了她上司脸上的唇印，顿时羞红了脸，显得非常焦急，频频地向她的上司使眼色，示意他赶快擦掉脸上的唇印，但她的上司并没有意会，只是看着手上的资料，当时的场面十分尴尬。

该公司经理的一个下属，头脑比较灵活，对他的经理说："真对不起。有一个细节我们需要再商讨一下，一分钟的时间就可以，我们出去商量一下吧。"话一说完，该公司的谈判人员全部心领神会地退出了谈判室。

当该公司的谈判人员再次进入谈判室时，外商代表脸颊上的唇印已经消失了，就像没发生这样尴尬的事情一样。谈判正式开始了，顺利得出乎意料，这也许是那位外商代表的一种谢意吧！

如果外商脸上的唇印当场被他的秘书指出来，或者被该公司的经理提醒出来，场面一定会很尴尬，为了快点结束这种尴尬，外商可能会草率决定结束谈判，致使谈判失败。在商务谈判中，要获得良好的谈判成果，使双方能比较愉快地达成协议，就不能忽视人自身的因素。具体来讲，要给对方以尊重。如果对方出现意外情况，遭遇尴尬，要及时找个台阶，让对方能够下台，这样做了，对方自然会心存感激。根据心理学上的互惠关系定律，得人好意，就会想着报答。因此，给人找台阶的好处是不言而喻的。

愿意给人找台阶，让对方能下来台，不单单是个技巧性问题，没有容人雅度，凡事总爱斤斤计较，喜欢占便宜，不肯吃亏的人，不可能为对方着想，不会想着如何给人找台阶。当然，不给人台阶下，自己也绝对得不到什么好处。

说话办事，要学会替对方保住面子，维护对方的尊严，不让对方难堪，最聪明的做法就是主动承揽错误，替人巧妙地解围。

在人们料想不到的时候，会发生让人下不了台的事情，其实，只要头

● **别让借口害了你**

脑够灵活,只要能及时转换角度,巧妙地解围,不仅能给他人找个台阶下,还能给生活增添某种乐趣。即使在最亲近的人身上,也可能会发生下不来台的情况,这时就要及时找台阶,缓和气氛。

有一对小夫妻,结婚没多久,因小事争吵起来。正当妻子向丈夫大喊大叫,丈夫跪搓衣板的时候,有一位朋友来访,丈夫顿时尴尬得无地自容。

好在妻子也是个通情达理的人,看朋友到来,连忙招呼起来。但对丈夫来说,毕竟比较尴尬。朋友见状,笑着说:"原来你们俩是在激烈交流啊,我来的可真不是时候啊!你这是在练瑜珈吧?瑜伽的招式就是奇特。"此话一出,女主人脸红了。

男主人听了朋友的话,马上说:"是啊,我们刚才就是在讨论这件事呢,她非得让我也练瑜珈,你说我一个大老爷们,练什么瑜珈啊?"这对夫妻与朋友说笑着,一场争吵结束了。

做人要有包容、忍让的雅量,要乐于给人台阶。面对尴尬的气氛,就像救火的消防队员那样,临危不惧,根据实际情况迅速给对方找个借口,帮助对方摆脱尴尬的局面。

谈判中常用借口来搪塞对手

心理学研究发现,竞争越是激烈的地方越容易滋生借口。特别是在谈判场上,借口经常会出现。

《三国演义》中,刘备吞并西川后,孙权打发诸葛瑾到成都,哭诉全家老小已被监禁,要诸葛亮念同胞之情去求刘备,让刘备还回荆州。诸葛

第08章 没借口，做人太直会害死你

亮得知诸葛瑾到来，告诉刘备只需"踢皮球"就可以。

诸葛瑾来到之后，找到诸葛亮，进行哭诉。诸葛亮满口答应："哥哥别担心，弟弟有归还荆州的好办法。"随即，引荐诸葛瑾面见刘备。刘备就是不答应，诸葛亮为表示对诸葛瑾的手足之情，面向刘备大哭起来。任凭诸葛亮哭拜，刘备就是不肯。诸葛亮就是这样把诸葛瑾索求荆州的"皮球"踢给了刘备。

刘备在诸葛亮的"苦苦哀求"之下，勉强答应道："看在军师的情面上，还一半荆州就是，将长沙、零陵、桂阳三郡还回去。"这时，诸葛亮做了一个小小的点拨："主公既然答应了，就应该写一封信给云长，让他把三郡还回去。"刘备明白诸葛亮的意思，便给关羽写了交割三郡的信，并嘱咐诸葛瑾："你到了那里之后，要好言好语求我二弟，二弟性情刚烈，我都有些害怕他，你一定要小心。"

诸葛亮把球踢给刘备之后，又把"球"踢给了关羽。诸葛瑾带着刘备的亲笔信到了荆州，关羽看了信之后，假装非常生气，厉声说道："我和我大哥桃园结义，发誓共匡扶汉室。荆州本来就是大汉疆土，怎么能割地给别人呢！'将在外，君命有所不受。'虽然有我大哥的信，但我就不还。"

诸葛瑾碰了一鼻子灰，只好再到西川见诸葛亮，诸葛亮有事出门了，只得再见刘备。刘备劝他先回去，以后再说。诸葛瑾只好两手空空地回去了。

诸葛亮告诉刘备的策略，就是让诸葛亮、刘备、关羽相互"踢皮球"，即把问题你踢给我，我踢给他，他再踢给你，迫使对手按自己的"球路"走，在心理上形成干扰、体力上进行消耗，最终放弃原来的计划。这场"踢皮球"之战中，刘备一方很好地利用了借口，让诸葛瑾败兴而归。在谈判中，有时会碰到一些无法满足的要求，最好的办法是用借口来搪塞。

谈判中，一定要讲究策略。如果想要拒绝对方，一定要让对方心服口服；如果生硬地拒绝，对方则会产生不满，甚至怨恨、仇视你，最终导致谈判的失败。所以，在谈判的场合，一定要记住，拒绝对方，也尽量不要伤害对方的自尊心。让对方明白，你的拒绝是出于迫不得已，你也觉得很

遗憾、很抱歉。尽量使你拒绝的借口极具诚意。

　　根据心理学研究发现，面对推销，以"是的，但是……"这样的句式较为有效。比如，对方说："你听听，我讲的是不是有道理？"你可以说："是的，但是……"先承认对方的说法，然后，以"但是"转折，找个借口敷衍过去。

　　倘若一开始就断然说"不"，对方一定会不甘心，会千方百计地和你周旋，有时候可能是因为你伤了他的自尊心，他就是想把你说服，以便获得心理上的优越感。如果用"是的，但是……"这样的句式的话，就会有一个缓冲。只要你的借口合情合理，对方再怎么纠缠，也无可奈何，只好放弃说服你的计划。

　　在谈判中，当对方提出问题而你尚未思考出满意答案并且对方又追问不舍的时候，你也可以用资料不全或需要请示等借口拖延答复。例如，你可以这样回答："对您所提的问题，我没有第一手的资料来答复你，我想您是希望我为您做详尽并圆满的答复的，但这需要时间，您说对吗？"不过，用借口拖延答复并不是拒绝答复，因此，谈判者要进一步思考接下来应该怎么办。

　　如果谈判者为了达到某种不公开的目的而采取无休止的借口拖延，在拖延中软磨硬扛，不仅会使对方厌恶，而且会使对方产生更大的反感，致使谈判陷入僵局和破裂。例如，谈判者借口眼下有件急事要处理，将谈判委托给某某代表负责，而接替者又没有什么实际权力，致使谈判没有任何实际意义，明显地是在找借口拖延谈判时间。这样不仅不尊重对方，而且会使对方感到这种做法隐藏着其他含义和动机，从而造成谈判的僵局。

　　在谈判中最好表现得若即若离，每一次"离"都应有适当的借口来搪塞，不让对方轻易得到，也不能让对方轻易放弃。当对方再一次得到机会时，也会倍加珍惜。

为难的心理并不难表达

每个人都有遇到困难的时候，因此在生活中，我们或者别人总是求对方办点事，解决一下困难。当对方有这个能力帮我们顺利解决掉困难之后，我们的心里总是会对对方充满感激，而当对方有一定的难处不能帮助我们解决问题的时候，对方总会流露出一些为难的表情，对方这是在告诉我们："我很想帮你，但是我确实也有难处，无能为力啊……。"

当我们接收到此类信息之后，心里就会立刻明白对方不方便帮助我们，我们需要想其他的办法。但是，由于每个人的性格及行事方式不同，他们表达为难的表情是不同的，因此，我们需要了解为难表情的传递方式，以便准确地应对。

反过来讲，如果对方求助我们办一些事情，而我们在不方便的时候，直接拒绝可能会伤害到彼此之间的感情，拐弯抹角又会显得自己心计太深，所以，我们需要把握一些为难表情的应用，在关键的时候传递给对方，表示自己的心有余而力不足。

高鸿江在县计生站担任要职。按常理说，他大学毕业没几年就考上公务员，并担任重要职务，在农村来说已经是非常了不起的人物了。可是他最近却为家里的事情特别苦恼，什么原因呢？

由于在农村，高鸿江的家里有很多的亲戚，尤其是在得知他考上公务员，而且在计生站工作的时候，亲戚似乎越来越多，而且有事没事总是来家里和高鸿江父母一起聊天，有时候还帮高鸿江父母干点农活，两口子很是高兴，甚至有一些骄傲。父母觉得这都是高鸿江有出息了，才让自己的地位如此之高。

计划生育是国家的基本国策，高鸿江深深知道这份工作的重要性，可

别让借口害了你

是最近很多亲戚总是直接或者通过父母找他通融生二胎、三胎的问题。如果说办,自己肯定能够办到,但是这会违反国家政策,但不办的话会影响与亲戚之间的关系,所以他才苦恼至极。

正好这几天站里来了一位新同事,这位同事对心理学有一定的研究,在听到高鸿江的苦恼之后,他很有把握地说:"既然你不能直接拒绝,那么你就用表情告诉你家亲戚及父母,让他们知道你的难处。"

高鸿江有点纳闷,问道:"表情?这个怎么表达啊?"

这位同事凑上来给高鸿江耳语了一番……并保证高鸿江不说一句话就可以将此事搞定。

这天,高鸿江刚回到家坐在沙发上,母亲就走了过来说:"鸿江啊,你三嫂家的大儿子准备再生一胎,你看……"

这时高鸿江拿出了一张报纸给母亲看,上面写的是某官员因为滥用职权而被给予处分。母亲看到这一切之后没有再说话,不一会儿三嫂来了,进门寒暄了几句就开始跟高鸿江说自己儿子的事情,高鸿江面对三嫂,苦笑了一下。母亲拿起报纸给三嫂说了说,三嫂自言自语地说:"哦,这事情确实也不好办啊……"

高鸿江用什么方法拒绝了母亲与亲戚给自己的难题呢?那就是为难的表情。其实在生活中有很多事情会面临不好拒绝但又无法接受的局面,而解决此类问题最好的方法就是向对方传递为难的表情,让对方感受到你确实没有办法,这样既可以让对方感受到你心有余而力不足,也可以避免直接拒绝造成的消极影响。

第09章
人际关系,我们该如何巧搭讪

Chapter 9

搭讪是交际中与陌生人、尊长、上司等沟通情感的有效方式。技巧就是在交际双方的经历、志趣、追求、爱好等方面寻找共同点,诱发共同语言,为交际创造一个良好的氛围,进而赢得对方的好感和接纳。

运用各种各样的借口去搭讪

和人建立联系，搭讪是有效的手段，但是搭讪需要一个借口，也就是开门语。这个借口怎么找，直接关系到是否成功搭讪。

遇见一个陌生人，走上前去说："我想认识你，可以吗？""请把你的姓名、电话留给我好吗？"如果你还在用这样的话作为搭讪的借口，对方可能对你避而远之，更不会接纳你。原因很简单，这样的搭讪只会被人认为是没事找事。而且如果你要搭讪的是一个女孩，那么"你好，我想认识你"，这句话绝对可以把她吓跑，有些女孩可能心里会这样想："是不是我碰见流氓了呢""他对我有什么企图？"所以，你的搭讪方式会直接影响你的搭讪效果。

大多数人都希望自己能找到一个简单有效的搭讪借口，最好是一句话就能搭讪到陌生人。然而，这几乎是不可能的。如果简单的一句话就能搭讪成功，那只能是因为对方看你实在太顺眼了。真正的搭讪成功代表对方肯与你继续交谈，并且将话题无限延伸。

虽然你很渴望搭讪到自己喜欢的陌生人，可是陌生人不见得就喜欢听到你真实的意图。如果你将你的意图说给对方听，对方也许还会因为恐惧而离你远去，所以，你需要一个借口。

刘丽悠作为保健产品推销员，和一些陌生人打交道是常有的事，她能从陌生人中挑选出适合自己的对象作为自己的客户，然后尝试着搭讪。这是刘丽悠的工作，她也乐此不疲地努力着。

一天中午，刘丽悠在路上遇到一位年长的先生，他在向路人询问关于理疗康复店的地址，这对于刘丽悠来说绝对是一个重要的机会，因为这位先生很可能会成为她的客户。

别让借口害了你

站在一边的刘丽悠便开始思考该如何将对方引入自己的交谈对象中，从而让其对自己的保健产品产生兴趣。

她抢在路人之前对那位先生说："先生，您要找的这家理疗店我知道，我经常去那里，您喜欢那里的理疗吗？您对理疗了解多少呢？"

借助这样的开场白，刘丽悠很快取得了老者的信任。

"不太了解哎！我老伴失眠，听说理疗有效果，想去咨询一下。"老先生摊了摊手，然后据实回答。

"是这样的，恰巧我在做这方面工作，如果您有兴趣，我很乐意为您解答。"刘丽悠直了直背，微笑着对老先生说。

"哦，哦，那给我介绍一下吧！"老先生放下了防备心理，对刘丽悠说道。

刘丽悠之所以能够赢得老先生的信任，是因为借口找得好。可以想象，在街上，一个陌生人说想认识你，你一定会觉得他另有目的。而一个陌生人在给你指路的同时还帮你解答疑问，你就会百分百信任他。这就是人的心理反应，所以，为了赢得陌生人的信任，我们应该让搭讪显得自然，千万不要让人觉得你是有所图。

在现实生活中，有哪些问题可以作为搭讪的借口呢？

1."您对这个有兴趣吗？"

这是在很多场合通用的搭讪技巧，无论是衣服、食物还是娱乐项目，只要你能看到的东西，都可以拿出来当借口。

2."想交个朋友吗？"

这个问句首先将对方放在心里，用征求对方意见的方法进行搭讪，避免了"我想认识你"的尴尬。切记不要说得太轻浮，你大可以将表情表现得自然一些，落落大方地和对方搭讪。

3."您知道这个地方在哪里吗？"

如果你没有机会给对方解答什么问题，不妨给对方制造一个问题，让对方通过问题来主动搭讪你。你不能问类似"你家在哪？""你在哪上班？""你多大了？"这样的问题。因为搭讪讲究的是双方的信任，但建立信任度需要时间，而这些问题往往让人误以为你对其别有用心。

4."您有什么好的建议吗？"

这个问题作为借口就是征求对方的建议，这也是立竿见影的搭讪方法。例如，您可以问一个热心的园艺家："我想把花园中的一年生植物改种多年生的，您有什么建议吗？"

5."您自己做饭吗？"

在餐桌上能提供良好借口的是食物："我没有真正在厨房里做过一顿饭。您呢？自己做饭吗？"这样的借口就能轻而易举地将他带进你的生活，让他觉得你是个很亲切的人。

总之，借口是结识陌生人的必备技巧，也是打开社交大门的一把钥匙。所以，你要好好利用这把钥匙打开更多的社交大门。

在与人初次接触和交流时误会、误解的现象会经常发生，有时会直接影响到以后的深入交往，你若能够把握住以下几点，误会和误解就会大大减少，别人对你的印象也会大大加深。

1.尽量少谈公式性的、平淡而无意义的话题，比如"今天天气很好啊""今天的气温不高啊"，等等。要尽量从对方的衣着打扮、举止言谈发现可以深入探讨的话题，使谈话能够进行下去。

2.要尽避免"乱点鸳鸯谱"式的提问。如"你认不认识某某啊？""某某与你是亲戚吧？"等。

3.谈话要多用设问句，以便将话题引伸下去。

4.要注意倾听，弄清对方的想法和意图，不要轻易下结论，否则就会犯"答所非问"的毛病，让对方感到你理解问题的能力不强，与你沟通很是费力。

5.不要总是倾诉自己的事情。因为某件事情对你虽然十分重要，但对陌生人来说却事不关己，也就无法耐心地倾听。

6.要注重赞赏对方和善于指出对方的优点，并从小事中把对方的优点引伸到一个大范围，这样可以加深对方对你的印象，能感觉到你是一个思想深刻的人。

7.不要在陌生人面前说他人的缺点或传播他人的隐私，这样会让对方认为你是嘴大舌长、不负责任的人。

做到以上几点，在与陌生人交往时就会轻松自如、游刃有余，免去彼此间的误会和尴尬，在工作与生活中增加更多的朋友，更多的知己。

一个好借口，就是关系的突破口

借口，往往会让两个人从陌生到熟悉，但必须要找一个好的借口。一个好的借口，往往就是关系的突破口。

在搭讪的时候，我们不应该局限于怎么说，也要知道怎么让对方喜欢听你说。都说有艺术感的搭讪是大家所认可的，那怎样才能做到有艺术感地搭讪呢？

当一个好色的男人遇到一个绝世美女，往往心里就会冒出仰慕的感觉，涌现的就是急切想要相识的想法。对于男人来说，搭讪当然是必然要学会的，这是一门能带给人很多机遇的艺术课程；对于女人来说，在很多商业活动中，依然要知道怎么用借口去搭讪，因为成功搭讪后自己就能获得关系的突破，还可以为自己积累更多的人脉。那么，到底应该怎么做呢？

周晓闻上大学的时候，中途辍学了。他开始对生活不抱有信心，每天都过得非常低落。在离开学校的第二年，他遇到了一个女孩，这个女孩心地善良，在校读大三。周晓闻见到她的第一眼便喜欢上了她，可是因为自己学历的原因他一直不敢靠近她。

在她面前，他甚至有些无助，她高贵得就像公主一样，而他就像小矮人。自己的学历不如她，相貌配不上她，甚至家境都不如她，在自己内心的矛盾与煎熬中，他犹豫着过了一整年，眼看她就要毕业了，他的内心更加焦虑，他开始坚定信念，因为他的眼睛已经无法从她身上移开了。

第09章 人际关系，我们该如何巧搭讪

正当女孩准备去实习的时候，他站在了她的面前，他说："你好，可以认识一下吗？"

女孩有些发愣，似乎摸不着头脑。他定了定神对女孩说："虽然我现在什么都没有，但这不代表以后我也一无所有。虽然我长得不算出众，但这不代表我的人品有问题。我想和你交个朋友，请相信我真的不是个坏人。"

他并不期待自己会和她碰撞出多少火花，他只是想让她成为自己的朋友，而这一段话打开了二人间冰封的大门。

在她微笑着点头，并且告诉他电话号码的一刹那，他仿佛在生活中又一次看到了希望，他开始为了重回校园而刻苦学习，渐渐地两人接触的机会越来越频繁，并产生了浓厚的感情。

其实，如果能找到借口点燃对方的说话欲望，就有机会开启交往的大门。因为搭讪的人一般都处于紧张的状态，可是一旦成功了，两者的关系就会突破，关系会更近。

当然，我们都活在搭讪的世界里，每时每刻都在搭讪，跟认识的人或者不认识的人搭讪，不管自己有没有意识到。搭讪的技巧很多，一次成功的搭讪中蕴含着很强大的智慧和勇气，它是一门最值得学习的艺术。

大多数情况下，大家都会选择特别热闹的地方进行搭讪，因为人多自己才不容易出现一对一的紧张。有人的场所当然要好于无人的场所，例如，教室里、公车上、餐厅里都是相当好的搭讪场所；而人来人往的马路，操场就稍差一点。相对于开放的环境而言，女性在相对封闭的场所中更容易产生安全感，这也是女性比男性更想要一个温馨小家的原因。但这也不是绝对的，没有人会傻到在封闭的电梯里当着十多个人的面和女性搭讪的。

搭讪是一门艺术，与陌生人搭讪的技巧都在不经意间，一切也都在预料之中，只要你真正掌握了搭讪的技巧，并积极运用，那么，就一定能够打开搭讪的闸门，结识你最想认识的人，获得童话般的爱情。也可以让自己获得事业的成功。

● 别让借口害了你

把对方的心理卷入情境中

弄不清楚对方的心理,就无法轻松与对方沟通,认为对方的心理简直就是奇怪至极,参不透,甚至还会对其产生恐惧心理。

事实也是这样,没有办法参透对方的心理,就等于没有办法和对方产生共鸣,也就不会和对方顺理成章地建立关系。

所以,在搭讪陌生人的时候,你要懂得部分心理学知识,这样才能更快地与对方建立关系,也能在搭讪陌生人的同时,提升自己的社交能力。

大学一直是搭讪高发地点,无论是青春电视剧也好,还是校园热门电影也好,剧情里总是少不了搭讪的影子。但在社交高发地点也不见得就能轻巧搭讪到陌生人,除了需要天时地利的条件,在搭讪时,还需要对人的心理活动有所了解。

上了大学后,金东东体验到了孤单的感觉。以前的同学全都各奔东西,只剩下自己孤身一人到北京闯荡。

初入北京,全新的生活让金东东有些措手不及,他甚至还来不及去设想未来,就沉重地跌进了谷底。没有朋友、没有熟悉的感觉,一切都是陌生的。同寝室的三个同学都是从一个城市过来的,唯独自己像个异类,这让金东东觉得自己与他们格格不入。

其实,金东东也尝试过一些努力,比如,在同寝室的人回寝室的时候,金东东会表现得很友好,每次都会对他们说:"回来了?"

在他们准备出门的时候,金东东会说:"拜拜!"

但金东东知道,这样的沟通方式并不能证明自己已经和他们成为朋友了,这只能说明自己是个友好的人。

在独自生活了将近一个星期后,金东东终于还是按捺不住了,他想找个办法改变一下，否则自己再这样下去，早晚会得自闭症。

"嘿！回来了？"看见室友们回来，金东东又一次和他们打了招呼。室友也都很友好地点了点头，然后各自回到床上探讨下午的行程。"你们去打篮球了？你们在哪弄的篮球？学校可以租吗？"金东东见到一个缝隙插了句话。

"有啊！篮球场附近就可以租。"对床小冯做了个投篮的姿势，然后说道。

金东东接着说："改天打篮球带我一个，我非常厉害的！以前同学都叫我小科比！哈哈！"

"是吗？这么巧？以前同学都叫我小姚明！"小冯听了金东东的话一脸骄傲。

"你赢了！你是国家队的！哈哈！"金东东半开玩笑地说。

由于金东东的带动，大家全部加入到玩笑中，气氛也显得其乐融融，最终，金东东成了"铁四角"中的一个！

在为搭讪找借口的时候，多半都是在考验你的应变能力。像金东东这样，找准时机，然后引导对方的心理，再进行语言攻势，多半都会成功搭讪到需要的人。

搭讪的延伸过程中，如果你想引起对方共鸣，就必须了解对方的爱好，并且认可对方的每一个爱好。爱好可以从对方的言行上看出，对方经常挂在嘴边的，通常来说就是对方所爱好的，所以，你可以利用这些话题作为借口，顺着对方的心理去搭讪，将对方带入到你预设的情境中。这样，在搭讪的时候才能更好地加强双方好感度，引起共鸣。

在与陌生人搭讪时，要想获得他们的好感，就要对其关怀备至、体贴入微，这样别人才能对你存有好印象。

塞维尼是美国某港口的一个装卸工，他靠给上下轮船的乘客装卸行李谋生。当他为乘客服务的时候，他总是将乘客当作自己的亲朋好友来对待。他总是抓住一切可以利用的机会，以各种各样的方式来关心，帮助

别让借口害了你

别人。

这天，一个手里提着一个皮箱的老太太让塞维尼送她上轮船。

这个老太太看上去大约有六十多岁，脸上没有一点儿笑容，身穿合体的衣服。当塞维尼从她手中接过皮箱时，看到老太太脸上有泪水滑下。塞维尼心想：这位老太太肯定遇到什么不愉快的事情，我该怎样帮助她，让她快乐起来呢？当他提着皮箱和这位老太太来到甲板上时，他灵机一动，想出一个好办法，他说："夫人，如果您不介意的话，我想告诉您，您穿得这身衣服非常好看，它使您看上去年轻了许多。"

老太太抬头看了他一眼，眼里依然含着泪光，说道："是吗？谢谢！"

"夫人，我可以再问您一句话吗？您这身衣服实在是太漂亮了，在哪儿买的，我想给我母亲买一套。"

其实，这位老太太觉得自己的衣服并不漂亮，只不过是穿上有些合体罢了，但作为女人，别人称赞她穿得漂亮，显得年轻，这让她感到非常满足，她脸上的表情有些松动，不再显得那么严肃了。她说："小伙子，对于我这个老太婆，你也说这些话，由此可以看出，你是个懂得关心别人的人。但是非常遗憾地告诉你，我这身衣服是我丈夫买给我的，至于在什么地方买的，我也不知道，而且永远也不可能知道了。"

说到这里，老太太脸上泪珠滚滚落下。

"夫人，您非常不快乐，我能帮助您吗？我想让您快乐起来。"塞维尼真诚地说道。

"我现在非常痛苦，前些日子，我深爱的丈夫离开了人世，只留下我与儿子孤苦零汀地活在这个世上。"

听了老太太的话，塞维尼说道："夫人，您不应该这样，您的丈夫正在天堂里看着您呢！他希望您生活得快乐幸福。您这个样子，他也会很痛苦。还有您的儿子，他也希望您快乐。还有许许多多的人，包括我也希望您快乐。"

这时，塞维尼把她送到了轮船的座位上。他又补充了一句："夫人，赶快快乐起来吧，您的幸福快乐是我们大家共同的心愿。"

老太太的脸上终于露出了迷人的笑容，她拍了拍塞维尼的肩膀说：

"小伙子，你是个好人，你给我了很大的帮助，我会永远记住你的。"

轮船起锚了。塞维尼仍站在岸边冲老太太挥手："夫人，祝您好运。"

塞维尼的殷勤与体贴缓解了老太太的痛苦，让她体会到人世间的温暖。同时，塞维尼也赢得了老太太的好感，感到了满足。

无论是哪种搭讪方式，最终能引起双方共鸣的借口才能让搭讪成功。所以，在搭讪的时候，不要总是一味地说，你要经常变幻自己的话题，然后用语言去引导对方。

在搭讪的时候，如果你想让对方进入到一个全新的场景中，还要注意给对方制造出一个能够引导他心理的借口。比如，"我听说隔壁的花园很漂亮，简直就是人间极品，要不改天我们一起去看看？"或者，"你知道科比吧？那是我最喜欢的球员。""对了，你有喜欢的球员吗？"总之，首先，你要表现出你自己认可这一情境，然后再告诉对方，这个情境非常好，非常适合彼此，最终再说你的目的。当你注意这一说话顺序时，搭讪就开始由你自己掌控了。

借口要起到暗示对方的作用

都说"道不同不相为谋"，每个人都有自己的想法与目的，如果强行让对方和自己保留同样的想法，很可能引起对方的反感，因为这世界上思想观念几乎完全相似的人实在是太少见了，也可以说根本没有！

但是，在搭讪的时候，可以用借口引导对方和自己的想法相似，这是我们每个人都能做到的，也是比较容易做到的。

陌生人中有的可能是我们成功的推动者，如果搭讪到了一个对的人，双方会相辅相成，在彼此共同的努力中获得成功。如果你搭讪的是一个干扰你成功的人，你就等于是遇到了另一个困难。但是，困难是可以克服

别让借口害了你

的，也是可以引导的。不要轻易抛弃你身边的陌生人，不要因为彼此的目标不同就轻易地说"再见"，目标是可以后天培养的，只要你能给对方一个有效的暗示，对方就有可能成为你将来的贵人。

其实，有时为了让暗示更加有把握，我们通常会做双重暗示，也就是我们所说的双保险。

在百货公司的化妆品区，倪少武遇到了一个长发女孩，倪少武下定决心要认识对方，于是就借口说："您好，您的头发真漂亮，有什么好的护理方法吗？"

说完后，倪少武把自己刚说的话仔细分析了一遍，觉得如果对方是一个谨慎的人，一定会质疑自己的真实目的。

"哦，没什么护理方法。"女孩明显对倪少武有些戒备。

"哦，您别害怕，我绝对不是坏人。前几年我朋友不知道为什么突然掉发很严重，头发也干枯，今天看见您，想讨教一下罢了！"倪少武怕女孩多想，就编了个故事继续搭讪。

"是这样啊，我的秘诀是……"女孩果然放下了防备心理，然后将她自身的经验全部传授给了倪少武。

倪少武想了想，对女孩说："您的观点我很认同，这个方法的可行性我也认可。不过，您坚持了多久呢？"

女孩先是自豪地一笑，然后回答道："这个需要长时间坚持，我坚持了很多年呢！"

倪少武拿出本子，假装将女孩说的那些方法都记下来，然后随口问道："我觉得您的办法一定会有用，我回头告诉我这个朋友。如果还有什么问题的话，方便我再一次咨询您吗？哦，对了，您放心，我不会在您不方便的时候找您的。"

倪少武试图暗示对方留下自己的联系方式，但对方却说："这个，不太好吧！"

"您不方便的话我也不会强求的，我这个朋友是个公务员，您放心吧，我们都是好人，如果实在不行，让我朋友联系您也可以。"

对方愣了愣，然后将自己的手机号码写在了倪少武准备好的本子上。

倪少武暗示对方，自己的朋友是公务员，工作的优势会让她排除恐惧。这样的利诱下，女孩便留下了自己的联系方式。倪少武的搭讪可以总结为：用双重暗示法引诱对方。

搭讪的时候，我们每个人都应该懂得双重暗示法，用一套话去暗示对方几次，这是个非常有效的沟通方式。例如，"我对您的想法非常认可，并且我和你有类似的抱负，希望合作愉快""我也喜欢这部戏，经常会反复拿出来看，我很认同您的看法"等。但是，无论你暗示几次，千万不要忘记，你的暗示中要有一次是明确告诉对方"我和你的想法相同"，这样，对方才能更相信你。

我们都有可能结识到陌生的贵人，但是却不见得每一个贵人都能留下来。所以，在和陌生人搭讪的时候，你要学会运用暗示充分表现出自己安全可靠，并且尽可能地让对方觉得你和他是能产生共鸣的。

比外，在展示自己的双重暗示法时，一定要有个很好的收尾，不要说出话就不管结尾了。在沟通的时候开始和结尾相照应，这样才容易让对方信服。

一学就会的电话搭讪方法

在一般人看来，搭讪只会是面对面的，其实不然。特别是从事电话营销的人，他们改变了搭讪的模式。电话搭讪难度很大，但是，同样一个电话，不同的人拨出可能有截然不同的效果。

小林是一家空调公司的销售员，他一天要打近200个营销电话，这些电话都是打给陌生人的。

根据多年的工作经验，小林总结了一套电话搭讪的秘诀。

● 别让借口害了你

让我们来看一下小林的工作情景：

像往常一样，小林早早到了公司，准备好工作需要的工具：笔、白纸、笔记本、对方资料、产品简介、客户联络电话。然后，倒上一杯白开水，喝上一口润润喉咙，准备开始电话营销。

看看时间快10点了，他拿起电话，拨号。

"你好！××公司！"对方传来专业的女声。（从中可以马上判断出对方为前台文员，得先想办法过这一关。）

"你好！我是A公司小林！麻烦您帮我转下物业部！谢谢！"小林简短地说。

"喂！"传来一个轻快的中年男性的声音。小林心里高兴，看来今天运气不错。

"你好！我找张经理！"（随便说的姓，因为小林一无所知。）

"恩？我们这没有什么张经理！你打错了吧？"对方很奇怪地回答道。

"啊！不会啊，是说××公司的物业部张经理啊？你们这是××公司物业部吗？"小林开始装糊涂。

"没错！我们这只有个黄经理。"

"哦！不会是我朋友搞错名字了吧？这个糊涂蛋！先生，那我就找黄经理。麻烦帮我转一下，谢谢！"（小林找个小借口免除尴尬，顺带转入正题。）

"哦，等下，我喊下！"小林听见对方在房间里大吼："老黄有人找！"小林想，看来这位黄经理蛮平易近人的。

"喂！哪里？"传来和蔼的男中音，年龄大概四五十岁的样子。

"黄经理您好！（停顿一下）我是A公司小林。今天冒昧打搅您是有件事想请教您。"（因为有了前期的铺垫，这个开场白非常简短。）

"恩？什么事啊？你怎么知道我的？"

"哦，刚才的先生介绍说您人很好，正好我要找您请教下关于空调节能的事情。我想了解下你们公司的空调是中央空调吗？"（很自然地巩固下对方的办公室关系，顺带切入正题。）

"哦！老刘人也不错哈！我们是中央空调，怎么了？"（能得出对方的心情不错。)

"太好了！我们公司正好刚从日本引进一款针对中央空调的节能方案，想请教下黄经理，贵公司每月空调电费支出是否10万元以上？"（善用"请教"这个词。）

"有超过啊。什么节能方案？怎么说？"那头的黄经理一头雾水。

"是这样的。我们公司在寻找一些用电量特别大的信厂企业，免费提供节能产品，我们这款产品技术相当成熟，目前在上海已经至少有10几家著名企事业在使用我们的产品，比如说上影厂、联华超市集团、肯德基等。所以，今天想请教下黄经理，看看贵公司是否达到我们赠送的要求。"（婉转地道出公司的实力和电话拜访的目的，提起对方兴趣。）

"哦？免费？什么要求？"

"嗯，用电量方面您已经达到要求了，还有就是每年空调使用时间是否超过6个月？另外贵公司的信用方面我已经了解到了，还是非常满意的，好多贵公司的客户都很称赞贵公司呢。"（人总是对难得到的东西更有得到的欲望，激发欲望，适当的赞美。）

"那个是的！我们老板可不是什么一般的人。我们的空调一年大概开6个月吧。你这免费不会真的免费吧？一定是噱头！"黄经理在电话那头笑着说。（客户有猜疑、否定、怀疑等都是很正常的，得做好心理准备。）

"哈哈，黄经理，真的是免费的。我们可不是随便哪家公司都送的。不然我也不会这么谨慎地来请教您啦。黄经理，您公司的基本要求都比较符合，我马上和我们老总请示一下。下午我过来就具体赠送方式和您确认下，您看下午两点还是三点比较方便？"（解决客户问题，及时收尾，促成约见。）

"哦，那两点吧，晚点我可能要出去。"

"嗯好的，那下午两点我到您办公室找您！到时见！"

"好！"

"那先不打搅黄经理了！非常感谢您和我聊了这么久！很愉快，下午见，再见！"

"嗯，再见！"

● 别让借口害了你

等对方挂上了电话,小林也挂上了电话。

这通电话,真正涉及到的产品内容并不多,大概就两三句话而已,却成功地约见了客户,从中可以借鉴到很多电话搭讪的技巧。

电话搭讪时,对方一定不会继续听你的陈述,因为陈述句是吸引不了人的。所以,电话搭讪的时候,你要找到借口向对方发问,然后引导他主动和你交谈。如果凑巧对方也回复给你一个问句,那恭喜你,你的搭讪就等于有了好的开端。

学会打开彼此的"话匣子"

语言是人与人之间沟通的利器。一个人的朋友网有多大,很大程度上取决于他的口才。口才卓越的人能把一根稻草说成黄金,能把一句原本不十分中听的话说得让人觉得舒服。

在与人相处时,不主动说话的人是很少有人缘的。你要主动打开别人的"话匣子"。

假如你在码头上碰见一个熟人,大家一起上船,一时还没有找到话题,这时最方便的办法就从当前的事物,那就是双方同时看到、听到或感到的事物中找出几件来谈。在码头上、船上,耳闻目睹的有千千万万的事物,只要你稍为留意,不难找出一些双方可能都感兴趣的话题。也许是码头上的巨幅广告,也许是同船的外国游客,也许是海上驶过的豪华游艇,也许是天空飞过的海鸥……甚至于在对方的身上都可以找到谈话的题材。如果他打的领带很漂亮,你可以问他在什么地方买的;如果他身上穿着金利来衬衫,你可以问他这种品牌的衬衫究竟好不好,和广告上的宣传是否相符;如果他手上拿着一份晚报,看到晚报上的头条新闻,你也可以问他对时局的看法。

第09章 人际关系，我们该如何巧搭讪

如果你到了一个朋友家里，在客厅里看到他孩子的照片，你就可以和他谈谈他的孩子；如果他买了新的钢琴，你就可以和他谈谈钢琴的音色；如果他的窗台上摆着一个盆景，你就可以跟他谈谈盆景的造型；如果他正患着牙痛，你就可以跟他谈谈牙齿的保健和牙医，关怀对方的健康，往往是亲切交谈的话题。

眼前的事物最容易引起人们的注意，只要碰巧有一样对方很感兴趣，那么，你就得到谈话的机会了。

当交谈中断的时候，怎样寻找新的话题呢？

在这种时候不要心急，也不要勉强去找，否则会引起不必要的紧张，反而什么也想不出来了。要知道只要是我们醒着，我们的脑子就是活动着的。你没有要它想，它也会不停地想，由东想到西，由天想到地……这种现象，我们称之为"自由联想"。

比如说，当看到书桌上摆着一盏台灯，我们的脑子就会从"电灯"出发，很快地联想到许多别的东西。也许从"电灯"联想到"发明"，从"发明"联想到"电影"，然后是"演员"，再然后是"历史"。这一切，都是在瞬间发生的，也许只是半分钟内的事。

如果我们继续探究就可以发现，因为我们看见一个台灯，就联想到它是爱迪生发明的电灯，又由爱迪生联想到我们看过的电影《爱迪生传》，又由《爱迪生传》想到科学影片，又由影片想到电影明星等。在刹那之间，已经有了不少交谈的题材，可供我们选择。

当然，有的话题也许引不起对方的兴趣，但是只要我们不心急、不紧张，让头脑在静默中自由地去联想，再过一会儿，我们就可能联想到别的话题了。

尚若不想东谈一点、西谈一点，从这个题材跳到另一个题材，而是想抓住一个题材更进一步，把它谈得详尽、深入、充分一点，那么，也有一个好办法，可以帮助你思考。这时你就不要让你的思想随意地去联想，如果有个题材可以引起对方的兴趣，那么你就以这个题材为中心，让你的思想围绕着这个中心，尽量地去想与这个题材有关的东西，然后再将这些有关的材料分门别类，整理出鲜明的脉络。

例如，你刚刚参观过自然艺术摄影展，谈话中有了启发性的联想，你已经找到一个使对方感兴趣的题材——植物。如果你想在这个题材上多谈一会儿，你可以"植物"作为中心，尽量去联想与它有关的事物。

在这样做的时候，你的头脑也要保持轻松、活跃状态，那么，它就会自然地想出许多与植物有关的事物，例如热带植物、盆景、菊花等，接着又可以谈到植物的研究与栽培……

如果谈话的中心题材是"树"，你就可以想到风景树、花果树、公园里千年的古树、著名的大树、与树有关的成语以及树的各部分用途……

如果中心题材是"交通"，那你就可以联想到陆上交通、水上交通、空中交通以及交通工具、喷气机、火箭、气垫飞船……

平时注意培养这种引起联想的思考习惯，那么无论任何题材你都能把它分解出若干个分支和无穷无尽的细节，而每个细节都可以用来发展你的话题，丰富交谈的内容。

倘若把你所想到的一切，结合你个人的生活经验，那么你交谈的内容就更真切生动了。每一个人的生活里都有许多可以打动别人的事情，倘若其中有些事情正和大家谈的题材有关，那么，你可以把它拿出来作为谈资，这时，交谈的内容就因为加进了个人亲身经历的材料，而更使人觉得有趣。

在交谈中，灵活地转换话题也是一项很重要的技巧。即使一个最好的话题也会有使人兴趣低落的时候，这时，善于交谈的人就懂得在适宜的时机转换话题，不会使别人生厌。

转换话题有三种很自然的方式：

第一种：让旧的话题自行消失。当你觉得这个话题已经没有什么新发展的时候，你就应停止在这方面表示意见，让大家保持片刻的沉默，然后开始另一个话题。

第二种：也可以在谈话进行中，很随便、不经意地插入新的话题，把旧的话题打断。但不要使人觉得太突然，也不要在别人还有话要讲的时候打断它。

第三种：从旧的话题往前引申一步，转换到新话题上。例如，大家正在谈一部正在上映的好电影，等谈到差不多的时候，你就说："这部电影卖座不坏，听说有一部新的大片就要开映。"这几句话就把话题转变了，新大片又将吸引大家的注意力，可是大家的思想与情绪却还是连贯着的，所以，这是一个比较灵活妥善的方法。

即使最有趣味的谈话，有时也会受客观条件的影响，非要结束不可。这时候，你要及时结束你的谈话，让大家高高兴兴、爽快地分手。不要等到对方再三地看表，不要忽略对方欲结束交谈的暗示。否则，无论你的谈话内容有多么精彩，对方的心里只有厌烦与焦急，而应该让交谈在兴味盎然的时候停止。

无论你多么善于及时发掘适合交谈的题材，你也需要对谈话的题材有相当的积累，否则，也将"巧妇难为无米之炊"。

做一个有文化、有教养的现代人，至少每天应当阅读一份报纸，每月应该阅读两三种杂志；从电台广播里、电视节目中，也可以吸收一些有用、有趣的知识；还可以去听演讲，去参观展览会，看戏、看电影、听音乐家的演奏，参加当地社会的各种活动。应该密切关注当前重要的时事与新闻。

你有没有经常注意这方面的修养呢？你有没有抽出足够的时间，仔细地阅读报刊和书籍呢？你有没有记住别人精彩的言论呢？你有没有对现实生活中的许多重要的问题认真地加以思考呢？

如果你不断丰富自己的知识库存，那么久而久之，你就不至于在与别人谈话的时候，发现自己头脑空白、无话可讲。

不过，即使你真的无话可讲的时候，也不必因此而感到自卑和不安，世界上没有一个人是无所不知、无所不晓的。在这种时候，你不妨静静地坐着，仔细地听别人讲，记住他们的话，比较他们谈话的优劣。有什么不明白的地方，设法提出适当的问题。这样，到了第二次，又遇见同样话题的时候，你对这方面就不会一无所知了。

当然，与朋友交谈要有真诚的态度和善意的动机。否则，会给对方一种油嘴滑舌的印象。只要你掌握了轻松打开话匣子的能力，你的朋友网将很快扩大。

● 别让借口害了你

不同场景，搭讪借口应该不同

在搭讪的过程中，可能会遇到一些突发事件。这个时候我们往往会觉得语言受阻，明明准备好的搭讪借口，却怎么也说不出来。那是因为，不同的场景需要不同的借口。

我们不妨总结一下搭讪的借口框架，使这些借口在任何场景下都可以相互转换，让自己的搭讪永不冷场。

周问天是一家公司的营销人员，一次他接到上司的命令，要求将公司刚刚生产的一批圆珠笔推销出去。他首先通过多种渠道去了解产品，知道了产品的利弊性，当然也对产品的数量以及市场情况进行了调查。

周问天凭借自己对产品的深刻了解和调查的资料，选择了一家格外庞大的公司进行推销。他走进该公司，向前台询问了经理的有关信息。这家公司的总经理姓王，是一位还不到40岁的女经理。因为提前预约了与王经理见面的时间，在这一天的上午王经理与另一个人会面之后，就轮到了与他见面。

周问天走进了王经理办公室，看到王经理坐在桌子旁，低着头整理之前的会客资料。周问天坐在了王经理的对面，并做了自我介绍："王总，您好，我是某某公司的营销员，我叫周问天，这次我来是向您介绍我们公司出品的圆珠笔的。"

周问天观察到王经理只是在最开始的时候抬头看了自己一眼，之后又继续看桌上的那几页资料。这时，周问天拿出了产品的资料，递给王经理说："王总，这是我们公司推出的圆珠笔的介绍，您看一下。"

王经理接过了周问天的产品介绍资料，开始翻阅。王经理翻阅资料时，周问天发现她只是大概地看了一会儿。周问天猜测，王经理可能是对自己的产品不感兴趣，或者不愿意花费太多的时间来仔细看这份资料，所以，他又开始了对产品的介绍。

王经理抬起头，身体后倾，靠向了椅背。周问天看到三经理的这一动作，知道王经理还在听他的产品介绍，所以他就更有了自信，重点讲了讲产品的特点。接着，他从包里拿出了圆珠笔的市场调查资料，一边说产品的市场调查情况，一边在纸上指出他讲的位置以及调查的图像分析。

就在这时，有人敲门，王经理让其进来了。是一位女职员，手里还拿着几份资料，是要找王经理签字的。周问天看到王经理在第一份资料上签字好像有些吃力，到第二份时，周问天发现，王经理的圆珠笔似乎是没有水了。周问天抓住了这个最好的机会，他立刻将他推销的圆珠笔递给了王经理，王经理接过了那支圆珠笔，并且对周问天微笑地道谢。

之后王经理将圆珠笔还给了他，周问天问王经理："您觉得这支圆珠笔好用吗？"

王经理想了一下，对周问天说："这支笔看起来很新，应该就是你要向我推销的笔吧！"

"是的，我们公司对这款圆球笔的笔头做了圆滑处理，让人在写字时能更省力。还加大了圆珠笔芯的容量，可以比其他的圆珠笔使用更长的时间。还有……"

王经理打断了周问天的讲述："你不用再说了，我刚刚使用时已经了解了这些特性，确实很好用，也有着它的独到之处。"

周问天知道，这是王经理对自己的产品做出的肯定，周问天从包里拿出合约书说："那既然这样，我相信您一定是接受了我的产品，我也就不耽误您的时间了，您选一个时间我们签约如何？"

"好的。"

周问天通过自己的努力以及对王经理的观察了解到了三经理的想法，并对其做出了针对性的回应，使自己得到了对方的肯定，成功地完成了自己的任务。

在搭讪的时候，我们所接触的都是陌生人，所以搭讪起来经常会觉得

别让借口害了你

有距离感。不过,搭讪都是有特殊框架的,不同的场景下,搭讪框架是不同的。

常见的搭讪语言模式有以下两种:

1. 从琐事下手,让陌生人觉得你是个贴心的朋友。如果你决定使用这个框架,那些家庭琐事、工作琐事都是你可以转换的内容。

2. 从生活习惯下手,一个陌生人的生活习惯虽然不是我们看一眼就能完全掌握的,不过,对于陌生人来说,他希望你能尊崇他的喜好和习惯的心理是肯定的,你可以间接地去询问,或者观察。

说到了前面两个种类,就不得不提一下个人兴趣了。搭讪的时候,个人兴趣是最常被拿出来用的内容,因为大家都有这样的心理,认为自己的兴趣就是自己引以为傲的才能。个人兴趣包括业余爱好、特长、经常参加的活动,你可以在这几项之间任意转换框架,这些框架的运用将有效提升你的搭讪水平。

每一个搭讪借口只适用于某一个特定的场景,在你搭讪的时候,你的借口就是圈住对方内心的武器。当然,借口也不是一成不变的,在搭讪过程中,有时我们会因为某些原因转换搭讪的借口,而这两个借口之间的连接就体现了我们运用话术能力的高低。巧妙运用借口,你的搭讪一定会事半功倍。

第 10 章
要快乐，就不要被困在这些借口上
Chapter 10

　　你要是问一个人为什么不快乐，他往往会给出这样那样的理由，比如，"太忙""太穷""太苦"等等。这些人认为，因为这些理由，他们活得不开心是理所当然的。其实，一个人生活得不快乐，任何理由都是借口，因为一个人要追求快乐，只要方法得当，那就什么也阻止不了他。所以，千万不要让这些借口葬送了自己的幸福。

第10章 要快乐，就不要被困在这些借口上

"太忙了"，但你可以忙里偷闲

女人会借口说："我太忙，没有时间来约会。"老板借口说："我太忙，没有时间听员工的建议。"妈妈借口说："我太忙，没有时间陪孩子去动物园。"丈夫借口说："我太忙，没有耐心再听你倾诉。"……每个人都有自己的借口，结果是，女人错失了花前月下的浪漫，男人在相思中痛苦；老板继续着他的忙碌，而员工因失意而苦闷；母亲因拒绝而多了一份遗憾，儿子心中则有了埋怨；丈夫多了一份烦躁，而妻子又添加了一丝伤感……每个人的不快，都源于"太忙了"这个借口。这个借口吞噬了很多人的幸福生活。

有人说，如果说孔孟是给人以品德教育的话，那么，老庄给人的是如何获得快乐的教育。道家提倡无为，无为不是让你什么都不去做，而是在做与不做之间有一个平衡。所谓"张弛有度"，顺其自然。的确，人生在世，不能不忙，也不能没有闲暇。学会忙中偷闲，善于忙中偷闲，我们才能沿着人生的阶梯不断进步，才能不至于耗尽所有的精力以致油尽灯灭。忙中偷闲是一个人在忙碌之后放松心情、补充能量的方式。所以，你不快乐，说是因为忙，那仅仅是一个借口罢了。

环球电信公司的总裁亨得利是一个忙中偷闲的能手，不管工作有多繁忙，不管谈判有多紧张，只要有空闲，他都会出去散步，去欣赏自然界中的花草树木。即使是在全世界电信行业高峰会议上，当别人都在忙得焦头烂额时，他也会有时间和闲情雅致在度假村的湖边散步。

有人不解，问亨得利："平时看你悠闲自在，但是一到谈判的时候，总能精神百倍，咄咄逼人，你有什么秘诀吗？"

亨得利笑笑说："要说秘诀的话，那就是忙中偷闲。忙中偷闲可以让

别让借口害了你

我的身体和大脑得到充分的放松和休息，这样我就可以精神百倍地迎接工作中的挑战。"

上帝之所以赐予我们白天和黑夜，就是要让我们在辛苦了一天之后得到充分的休息，回归夜晚的宁静，让自己得到彻底的放松。经过一夜的养精蓄锐，我们才能在第二天精神饱满、神采奕奕地迎接新一天的开始，创造新一天的奇迹。

田雨在忙碌了大半年之后，终于得到了一个月的假期，她没有像其他同事那样整天泡在家里看电视，或者隔两天找上一堆朋友东游西逛，而是去了一家茶艺馆专门学习茶艺。

以前在工作之余，田雨也曾看过一些介绍茶艺的书籍，现在假期开始了，她就借此机会专心学习。学习茶艺是一项辛苦的事情，在茶艺馆学习期间，大部分的时间是动手操作，在书本里学到的基本知识已远远不够用。田雨认真向师傅学习茶叶的识别、冲泡等，并且留心积累实践中的经验，很快就进入专业状态。

一个月以后，她又投入到了繁忙的工作中，但是她每天都会抽出时间泡茶、观茶、品茶。当她以娴熟的手法沏茶，以优雅的姿态品茶，都给人以一种清新恬静的享受。

很难想象，她以前是一个急躁、忙碌的职场女强人，现在她恬静的面孔微笑着，给人一种可亲的感觉，就像是温婉的邻家姑娘。

所以，不管你的工作有多么繁忙，这都不是你不快乐的借口。只要你合理地安排好时间，就能够劳逸结合，活在惬意之中。

"太苦了",但人生在于怎么活

你或许会说:"我这样苦,哪里有什么快乐可言?"看看,这也一个借口。因为再苦的生活也会有甜。何为苦?心苦才为苦;何为甜?快乐就是甜。穷不是苦,累不是苦,心情不好才是苦。物质上的满足远不如精神上的满足重要,只有让自己的心快乐才是真正的快乐。很多时候,人生快乐与否,完全取决于个人对生活的看法。

当生活的不如意出现时把注意力集中到事情身上,不如转移到关注自己的情绪本身,因为改善情绪比解决问题更重要,只有调整好情绪,才有精力去解决问题,不是吗?

霍山县是安徽省的一个国家贫困县,在那里,有个叫三里店的村庄。三里店坐落在大别山深处,交通不便,只有几十户人家。几十年前,那里家家穷得叮当响,人人穿不暖吃不饱。一到冬天,人们就"宅"在家里,空着肚子,焦急地等待着春天的到来。

村里有个叫金正法的年轻人,一天,他挨家挨户地找到自己的同龄人说:"到我家去喝酒吃肉。"

人们很诧异,因为大家都知道,金正法是最穷的一家,哪来酒肉招待大家呢?况且大家都很穷。虽然充满疑惑,但金正法的话还是很有诱惑,于是,一群年轻人来到金正法的家。

来到金正法家一看,原来,所谓的肉,就是在碗里放上肉一样的木块,还有鹅卵石充当鸡蛋。所谓的酒,就是白开水。

一群年轻人在失望之余,倒想起了小时候过家家,于是干脆就坐下来,开始"吃喝"起来。这群年轻人开心极了,有的还唱起了地方戏。

村里有人说,这群孩子,真是穷开心。但是,从那以后,一到冬天,

别让借口害了你

金正法的家里就会热闹了起来，这群年轻人不再空着肚子蜗居在家里，而是开心地像演戏一样吃喝，像演员一样唱戏。金正法的家成了戏场，成了乐园。这样的局面，一直延续到改革开放后。

看看，水当酒，木当肉，穷苦的日子也可以过得开心、过得甜。其实，在人生旅途中苦难只是偶尔掠过的一段风景，短暂一些的，只是停留须臾就会过去；长一点的，如果自己一个人等得实在太寂寞，也可以找人倾诉，实在不行就干脆下车，欣赏一下周边的风景也是好的。

很多时候，决定我们情绪的不是外物，而是我们的心态，我们的心情随心而动，要想获得人生的快乐，就应该学会掌控自己的心。

一个人曾经历过无数次生活的打击：儿子出车祸瘫痪、妻子患重病住院、遭遇下岗、自己工作时负了工伤……如此倒霉的一个人，人们以为他可能会丧失生活的信心，可是出乎意料的是，他几乎每天都是笑呵呵的，活得很快乐。

人们都很纳闷，问他为什么还能保持这种乐观的心态，他说："其实，我的快乐都是伪装出来的。儿子出车祸时，我撕心裂肺地痛，但我知道，再难过，也得面对现实，如果我因为难过而把自己打垮了，谁来照顾瘫痪的儿子呢？难过不能解决任何问题，所以我只能假装快乐，我的儿子看到我乐观的样子，他痛苦的内心也就慢慢平静下来了，慢慢地，我们也就真的不再悲痛欲绝了。

"妻子患重病住院时，我心里很难过，但我还是告诉自己，我必须快乐起来，因为我的快乐会给予妻子更多康复的信心。遭遇下岗时，我也曾经万念俱灰，但我想，下岗后，也许还可以再换一份更适合我的工作，于是我一边假装快乐，一边找工作，别说，后来还真的找了一份很不错的工作。工作时负了工伤后，我告诉自己，既然摊上了，就面对吧，正好还可以趁这个机会好好休息休息。

"就这样，我一直在伪装快乐，后来我发现，伪装快乐也是可以让人感到快乐的，它们一次又一次地伴随着我渡过了难关。"

可见，坏情绪可以改变，好心情也可以"伪装"。只要你不失信心，常常激励自己，你就能将好情绪留在身边，坏情绪自然也就不再来搅扰你了。

还有，无论什么时候，都不要忘记用一颗乐观的心去憧憬未来，这样，一个人才会有生活下去的动力。能够让自己获得快乐的心情是一种能力，一个能让自己在不快乐时依然保持微笑的人，是生活的智者。很多人都喜欢阿庆嫂，但却很少有人喜欢祥林嫂，这是因为，生活需要一种阳光的心态和积极向上的情绪来经营。

"太穷了"，但幸福不是因为有钱

有些人觉得自己不快乐是因为一个"穷"字，很多人借口"穷"来解释自己的痛苦。其实，快乐和穷富无关。

一个人快乐与否，并不在于物质的多少，只要有一个无欲无求的心态，就能够成为快乐的人。因为富足奢侈的生活并不等于幸福快乐的生活，如果我们整天沉迷在物质享受之中无法自拔，这样的人生就像在大海上失去航向的船，当别人都在扬帆远航的时候，你却只能在原地打转，又有什么快乐可言呢！所以，你要看到，对快乐的追求，不要老是惟利是图、惟"物"是图，有知足的心态，同样能撷取快乐的果实。

安妮是一个非常富有的女人，在许多大城市里都有自己的别墅，她买得起劳力士手表和名牌服饰，开着豪华跑车，甚至有自己的私人飞机，也能够到私人小岛度假，可她却坦白承认自己并没有满足感。

安妮说："我现在的生活是我以前梦寐以求的，甚至比我以前想象的还要好得多，可是我并不快乐，还会经常感到莫名的悲伤、空虚和茫然。

别让借口害了你

钱财居然不等于快乐！我真的不知道什么东西才能带来快乐。"安妮为钱奋斗了一生，可是当她什么都有了的时候才悟出"有钱不一定快乐"。

有钱不一定快乐，很多人都明白这个道理，但有多少人能不成为名利的俘虏呢。所以，快乐是经营出来的，一个"穷"字不能作为你不快乐的借口。

有很多父母只顾拼命挣钱，他们认为有了钱就可以满足孩子所有的愿望，自己的孩子就会快乐。其实他们错了，父母给孩子的越多，孩子想要的就越多，孩子的期望就越大。不会满足，当然也不会快乐。

人生最有意义的活法就是做自己喜欢做的事，并从中发掘到一颗容易满足的心灵。人类不快乐的最大原因是欲望得不到满足、目标得不到实现。每一个人都在追求快乐，那什么才是真正的快乐呢？告诉你，无欲是福，知足常乐才是快乐之本。知足吧，你还有家可归；知足吧，你还能吃饱穿暖；知足吧，你还年轻；知足吧，你还健康；倘若这一切都没有了，那也知足吧，因为你还活着。

"太差了"，但烦恼是因为你在攀比

有些人内心会有这样的纠结，"我不如他""和他相比，我太差了"，于是，这些人活得不自在。其实，你不快乐，绝不是因为你"不如谁"，而是你内心的攀比惹的祸。"不如谁"仅仅是大多数人的借口，你千万不要活在这些借口中。

很多时候，农民羡慕上班的有钱，有钱的羡慕农民清闲；当官的羡慕经商的，经商的羡慕当官的。人们总是觉得别人手里的牌比自己的好，总是觉得自己事事不如人。有些人总是喜欢抱怨：

第10章 要快乐，就不要被困在这些借口上

——小张都涨工资了，我却还在原地踏步，到哪儿说理去呢？

——老高买新房子了，他和我一块进的公司，看看人家，再看看自己，唉……

——人家的孩子怎么就那么争气呢？看看自己的孩子，真是没办法……

实际上，事情可能不像他们想的那样：小张根本就没涨工资，只不过是他爱面子吹牛罢了；老高买的新房子全靠贷款，刚刚买完房子就后悔房价开始在跌了；别人的孩子也没有那么优秀，而他自己的孩子也不见得真的不争气……所以，很多时候，我们就像漫画大师朱德庸说的那样："我相信，人和动物是一样的，每个人都有自己的天赋，比如老虎有锋利的牙齿，兔子有高超的奔跑、弹跳能力，所以它们能在大自然中生存下来。人们都希望成为老虎，但其中有很多人只能是兔子。我们为什么放着很优秀的兔子不当，而一定要当很烂的老虎呢？

我们总是拿自己的某一方面与别人强的方面作对比，使自己产生强烈的挫折感，进而出现焦虑，觉得不快乐。看着别人有钱，嫉妒；看着别人有权，诅咒；看着别人有闲，羡慕；看着别人晋升，委屈……正所谓"越攀比，越有气；越比较，越伤心"。

星期一早晨，大地房产公司的销售经理黄自强突然向总经理提出辞职。鉴于黄自强才华出众、业绩超群，总经理对他多方挽留，不但主动给他增加薪水，而且还承诺在短期内会给他升职。原本想跳槽的黄自强最终打消了念头，留下来继续为公司服务。

这个消息很快传到了人事经理吕晓军的耳朵里。吕晓军想：我也是个不可或缺的部门经理，不如向黄自强学习，总经理肯定也会给我升职加薪，以作挽留。

经过准备，吕晓军走进了总经理办公室，表示自己也想辞职。

不料总经理非常爽快地答应了，毫不犹豫地对他说："那好吧！既然你去意已决，我也不好强人所难。祝您另谋高就，前程似锦！噢，对了，

别让借口害了你

请你尽快补交一份辞呈给我。"

原来，吕晓军一向表现不佳，业绩平平，鉴于他老实、听话，总经理虽然对他早有意见，但是一时间还真找不到适当的机会。这次他主动送上门来，总经理正好顺水推舟。

故事中的吕晓军弄巧成拙，不但没有像黄自强那样得到升职加薪的优厚待遇，反而连原有职位也丢掉了。由于他的盲目攀比才落得如此下场。与别人攀来比去，最后除了虚荣或背负起失望之外，还能得到什么？有没有意义？是徒增烦恼还是有所收获？最后思考的结果即毫无意义。明白了攀比毫无意义，自然就会停止这种无聊的行为。生活是自己的，只要让自己快乐、舒适就好，何必让有害无益的攀比损害自己的快乐呢？

人必须充分了解自己，并给自己找到一个准确的位置。如果做不到这一点，一味地盲目攀比，在挫折中产生错觉，从而做出一些不可理喻的事来，最终让自己吞下苦果。

有一些人坦言，最害怕去参加同学会，因为现在的同学会简直就是"攀比会"：比事业、比地位、比房子、比车子、比银子……于是，我们越比越急、越比越累，越比越气，老实说这种烦恼都是自找的，放下攀比之心，就会少些怨气，生活也会轻松很多。

在现实生活中，总有一些这样的"糊涂蛋"：

两口子要离婚，在签字前，调解员问："你们为什么要分开呢？"

"瞧我身边的很多人，买了200多平方米4居室的房子，超大的客厅、宽敞的露台、独立的卫浴，还有车子……瞧瞧我家这个窝囊废，有什么呀？"妻子回答。

"哼哼，一天到晚就知道唠叨我，哪像人家的老婆，上得厅堂、下得厨房、温柔贤惠、精明能干，差远了……所以我要和她离婚。"丈夫回答。

两人离婚的借口让调解员无语了。

就这样，总是羡慕别人，结果，两个人都活在不快乐中，也就越来越觉得自己的生活糟糕透顶了，最后只有分道扬镳。可以说，他们是在别人的拥有里给自己寻找痛苦。其实，我们完全可以过上另外一种生活，一种愉悦内心的、没有什么压力的、自己喜欢的生活。可是，事情并不是这样，很多人整天愁眉苦脸，总认为自己拥有的一切没有别人的好——很多时候，看别人的经历一般有两个目的：一个是从别人的经历里寻找自己的存在，另一个是以别人失败的经历为借鉴让自己逃脱。于是，当在别人的拥有里找不到自己的影子和拽着别人的绳子没有从自己的拥有中跳离时，自己就开始怨天尤人或者是破罐破摔。如此久而久之也就把生活当成了负担，随之便会觉得生活充满了痛苦。

所以，请放下"我太差了，我不如人"这个借口，要学会正视自己，学会自我开释。只要退一步想，你就会发现，生活中的很多事情其实并不需要太在意。如果一定要在意，那你就在意怎么才能去除盲目攀比、自寻烦恼的扭曲心理。当你明白满足于比下有余，才会得到满足，才会活得快乐。

"太气人了"，但少一分愤怒就多一分快乐

很多人不快乐，是因为自己遭遇的事"太气人了"，真的是这样吗？这是否又是一个不快乐的借口呢？

心理学家认为：心存怨气的人会发怒，如果怒气不化解则会抑郁成疾，而长期抑郁不消，就等于慢性自杀。所以说，一个人要想摆脱疾病的困扰，首先就要学会宽容，不能让自己的心情时时处于愤怒之中。

愤怒是用别人的过错来惩罚自己，愤怒只会让自己失去理智，丧失冷静，愤怒的人是永远体会不到快乐的。快乐和宽容就像是一对孪生姐妹，密不可分。如果丧失了宽容之心，生活就会被无休止的愤怒所充斥，人将终日生活在心灵的幽暗之中。生活中少一分愤怒，就会多一分快乐。

别让借口害了你

是的，面对别人的过错，有时愤怒不仅不能解决问题，反而把事情推向被动。如果你选择了宽容，你不仅施惠于别人，还得到意外的收获。

有一天，威尔·罗吉士养的一头牛闯入了附近一个农户的田里偷吃玉米时，被农户杀死了。依据当时牧场和农田的共同约定，农夫应当通知罗吉士并说明原因，这样双方才算正确处理纠纷。但是不知为什么，一意孤行的农夫却没有这样做。

威尔·罗吉士听说这件事后，非常生气，尽管当时的天气正赶上一股强烈的寒流，他还是怒冲冲地带着仆人去找农夫理论。当走到一半路程的时候，他和仆人都快被冻僵了，人和马车都挂满了寒霜。

最后，他们两个人艰难地到达农夫居住的小木屋，可惜农夫却不在家，农夫的妻子热情地招待他们进屋等待农夫。罗洁士在屋里看清了农妇消瘦憔悴的面庞，在屋角还有5个像瘦猴一样的孩子。

没有多长时间，农夫就回来了，农妇指着罗吉士告诉他："他们两个是冒着寒风来找你的。"这时的罗吉士本想和农夫理论一番，不知为什么，他停住了，伸出了自己的手。农夫却完全不知道他俩的来意，他热情地与他们握手拥抱，并热情地邀请他们共进晚餐。

在用餐的时候，农夫充满歉意地说："真不好意思，委屈你们只能吃些豆子，本来可以有牛肉吃的，但是遇着了这样的鬼天气，没有准备好。"5个在一边的孩子听说有牛肉吃，眼里顿时有了神彩，兴奋不已。

罗吉士的仆人一直等着他处理杀牛的事宜，但罗吉士却好像全忘了此行的目的，还与农夫的家人一起开心地说笑。

饭毕，天气依然恶劣，热情的农夫一家要求他们两个人一定要住下，等天气好了再回去，罗吉士和仆人盛情难却，在农夫家里住了一夜。

第二天早上，在他们用了一顿丰盛的早餐之后，就告辞而去。

罗吉士自始自终对此行的目的闭口不言。在回家的路上，仆人忍不住问他："我认为，你会为那头牛去讨个公道呢！"

罗吉士微笑着说："开始本来是有这个念头的，后来自己考虑了一下，决定不再追究。其实，我没有白丢一头牛，我得到了人情味，毕竟牛在任何时候都可以得到,而人情味却不是这样。"

自己辛辛苦苦养的一头牛,却被别人违反约定杀害了,这件事对任何人来说,都会引起愤怒。罗吉士也是如此,他本来想去和农夫理论一番的,但由于农夫一家的热情招待,使本来不快的罗吉士收回了自己的愤怒。在一头牛和人情味面前,他选择了后者,也收获了做人的快乐。

所以,我们不要借口"太气人了"而活在不快乐中,懂得换个思维想一想,对于生活中一些无关紧要的小事,愤怒实在是没有必要,凡事总能找到解决的途径,愤怒只会把事情陷入僵局。正如一句俗语所说:一个愤怒的人对着围满镜子的四周咆哮不已,结果镜子里所有的人都向他龇牙咧嘴。你怎样对待别人,别人就会怎样对待你。告别愤怒,让宽容化解恩怨,人生苦短,这样才会多些快乐的日子给自己!

"不快乐",是你不愿伸手接住快乐

生活中,有些人宅在家里;饮食不规律,或暴食,或绝食;昼夜颠倒,晚上睡不着,白天睡不醒;情绪低落,自我贬抑,对很多事失去兴趣;喜欢泡在网上;很少和朋友联络;习惯把事情拖到最后一刻;对生活看不到意义,也看不清未来。

如果对他们说:出去散散心吧,多做运动,晒晒太阳,坚持住,加油!他们的回应常常是沉默以对,或者笑笑不再说什么。他们明白你说的都对,只是,越是向他们的意愿呼吁,他们就越是感到:快乐也不能那样为所欲为。

但只要你用心去寻找,很快就会发现:快乐其实很简单。一句问候、一抹微笑、一个眼神、一段文字都会让你感觉到快乐。当你有苦恼的时候,要相信获得快乐很简单。学会寻找快乐,而不是听凭坏心情折磨自

别让借口害了你

己。快乐就像毛毛雨，只要伸手就会接住，快乐其实很简单，它就在你身边。

每个人都有自己不同的快乐。小孩子手里举着棒棒糖就会快乐；认真学习的学生，得到老师的表扬就会快乐；父母看着自己的宝贝甜甜地进入梦乡会快乐；少男少女心中对彼此淡淡地牵挂会快乐；恋人间花前月下地呢喃会快乐；朋友间没有距离的默契和思念会快乐。

快乐可以藏于一首词、一幅画、一本书，可以隐于一盏淡酒、一杯清茶、一叶轻舟，甚至只是忙里偷闲的小憩，或是静听音乐的温婉轻唱！

看看，快乐是多么的简单呀。为什么要让自己不快乐呢？可能只要稍做改变，你就会得到快乐。

乔治夫人是华尔街一家银行负责公共关系的雇员，她的办公桌就放置在银行大门进口处的右边。乔治夫人看起来就是一个快乐的人，因为她每天总是面带微笑，耐心地解答顾客提出的各种问题。

在乔治夫人的办公桌上方有一个镜框，里面有一篇题为《一个微笑》的箴言：

"一个微笑不费分文，但给予甚多，它使获得者富有，但并不使给予者变穷。一个微笑只是瞬间，但有时对它的记忆却是永远。世上没有一个人富有和强悍得不需要微笑，世上也没有一个人贫穷得连微笑都没有。一个微笑为家庭带来愉悦，在同事中滋生善意。它嫣然地为友谊传递信息，为疲倦者带来休息，为沮丧者带来振奋，为悲哀者带来阳光，它是大自然中去除烦恼的灵丹妙药。然而，它却买不到，求不得，借不了，偷不去。因为在被赠予之前，它对任何人都毫无价值可言。有人已疲惫得无法给你一个微笑，请你将微笑赠予他们吧，因为没有一个人比无法给予别人微笑的人更需要微笑了。"

乔治夫人的一个同事这样说道："从乔治夫人那里，我学会了微笑的技巧，也找到了属于自己的快乐。这改变了我的人生，我现在不但自己快乐，也给别人带来了快乐。"

第10章　要快乐，就不要被困在这些借口上

怎样才能让自己变成一个真正快乐的人，不是一门高深复杂的学问。在乔治夫人看来，快乐很简单——只要学会微笑，就能获得快乐。保持微笑，是一种最美丽的生活姿态，它会让你忘记所有曾经的和正在发生的不愉快，乐观地对待你周围的一切。那么，请学会快乐地微笑吧，对山笑、对水笑、对天笑、对地笑、对黎明笑、对黑暗笑、对成功笑、对失败笑……你就会永远生活在快乐中。

在美国经济最萧条的时候，保罗失业了，他情绪低落，可能除了拥有一份好工作外，再也没有什么能让保罗开心了。

在一个晴朗的下午，太太琼斯还有小女儿茱莉亚邀请他一起去公园散步。

小女儿茱莉亚对着情绪沮丧的保罗说："爸爸，我们步调一致好吗？来，一二一……"

于是，他们沿着公园走着，三人挺胸抬头，步履轻快。

"抬头挺胸走路真有趣！"保罗说。

他们走了约一里多的路，三人觉得全身舒畅，充满活力。

当他们走过莱特大厦和古根汉姆博物馆时，茱莉亚说："爸爸，看，多美呵！"

这儿，是保罗以前上班必经的地方，之前，他都是匆匆地赶时间上班，从没想过这些建筑物有多特别，听茱莉亚一说，他便抬头又看了一次。这时，保罗笑了，他突然理解伟大的建筑师莱特注入在这个建筑中的人生乐趣。

不知道为什么，保罗第一次觉得开始喜欢上它了，而这可能是当时他发自内心的感觉。建筑物高高的尖顶直入云霄，保罗从中感觉到一种振奋，他忘记了失业的苦闷，心中洋溢着快乐。

后来，保罗又回到了原来的地方上班，每次路过莱特大厦和古根汉姆博物馆时，只要一抬头，他就能感受到快乐。保罗因此常说："快乐很简单，就是一抬头的事。"

别让借口害了你

　　看看，快乐是件多么简单的事呀！的确，人生的很多趣味和欢乐就蕴藏在生活的细微处。你偶尔经过的街道，始终矗立在你面前的山梁，这些都会蕴含人生的情趣，让人从中得到快乐。快乐如此简单，为什么不选择快乐呢？

　　在生活中，让人们感到快乐的事情有很多，那些抱怨自己为寻找快乐劳累不堪的人，不是没有真正地找到快乐，而是快乐太简单了，以至于很多人忽视快乐的存在，不懂得珍惜快乐。

第 11 章
要作为，借口就要少一点

Chapter 11

　　事前找借口，是在用借口向别人表明自己没有能力去做这件事情，对做好这件事情缺乏信心，想偷懒！事后找借口，是在用借口向别人表明自己拒绝汲取教训，想逃避责任，想为自己开脱！这样的借口会让人丧失进取心，丧失荣誉感。所以，一个人要想有作为，不论什么时候都不要找借口推脱责任。

无地位，是因为有借口

擅长找借口的人无时不在寻找借口，事前找，事中找，事后找，工作的过程其实是他们制造各种借口的过程。试想，将时间和精力用在寻找借口上，任务如何能完成，又何来业绩呢？没有作为，没有业绩，只有说不尽的借口，这样的员工谁会重用呢？怎么会得到很好的位子呢？

归纳起来，在工作过程中，常见的有以下诸种借口，反映的是不同的心理动机：

1."我太忙了……"

在大多数组织和结构中，我们都能听到这样的对话：

"小刘，我交给你的效益规划你做得怎么样了？"

"做了一些，但是我最近这段时间太忙了，还有另一个项目在等着我做。"

"你怎么会连接待上访的群众这么重要的事情都给耽误了呢？"

"都是因为我太忙了，现在我手头上还有好几件事没有做完呢！"

……

以"忙"作为借口，是我们这个社会里非常普遍的借口。一般人都觉得，"忙"是最为合情合理、最让别人感到可以理解的理由。殊不知以"忙"为借口，对成功的阻碍最大。

2."我正等着呢！"

这是把事情拖延下去的一种常见的借口，它也是为日后完不成工作埋下伏笔的最佳借口之一。

这类人很少会主动做事，经常是被动地接受工作任务，而且当事情没有完成或者工作上出了麻烦时，他们往往会把责任推到他人的头上，自己是不会承担责任的。他们认为，反正工作是上司交待下来的，做得好与坏都与自己无关，负责任的应该是给自己下指示的那个人。

3．"我以前从没那么做！"

热衷寻找借口的人总是因循守旧的人，他们缺乏一种创新精神，因此，期许他们在工作中做出创造性的成绩是徒劳的。借口会让他们躺在以前的经验、规则和思维惯性上舒服地睡大觉。

4．"我从没受过适当的培训来干这项工作。"

这其实是为自己的能力或经验不足而造成的失误寻找借口，这样做显然是非常不明智的。借口只能让人逃避一时，却不可能让人如意一世。

5．"他们决定时根本就没有征求过我的意见……"

许多借口总是把"不""不是""没有"与"我"紧密联系在一起，其潜台词就是"这事与我无关"，不愿承担责任，把本应自己承担的责任推卸给别人。其实，一个组织中，是不应该有"我"与"别人"的区别的。

6．"这跟我没关系，完全是他们的事。"

这是一句把责任推到别人身上的使用频率最高的话，没有用过这句话的人不多。例如，部门与部门之间、同事与同事之间、员工与上司之间、生产者与管理者之间等都会出现这种事不关己、高高挂起的姿态。

其实，这是一种极其缺乏团队精神的表现。很多时候，有些事情明明是自己做的，甚至用撒谎来逃避责任，这其实是人品的问题。

7．"事先没有人告诉我呀！"

这句话与"我不知道你会急着要它"的用意差不多，但被应用的范围更广，被使用的频率更高。

许多人经常会在说出这句话之后，就心安理得地把可能是自己引起的问题和麻烦一下子推到了别人身上。而且这种借口说出来时是很理直气壮的，因为说的人觉得，自己毕竟不是"先知"和"万能的主"嘛。

8．"等领导回来再说。"

这是公司员工们拖延的最好的借口之一。由领导来拍板，让领导负责任，这比将来出现问题时把责任推到谁身上都要来得合适。

9."我们从没想过赶上竞争对手,在许多方面人家都超出我们一大截。"

当无作为的人为不思进取寻找借口时,往往会这样表白,这种借口带来的严重危害是让人消极颓废,当遇到困难和挫折时,不积极地去想办法克服,其潜台词就是"我不行""我不可能",这种消极心态剥夺了个人成功的机会,最终让人一事无成。

当然,在一个组织里,业绩平庸的人为了逃避责任,保护自己,蒙蔽领导,还会有很多五花八门的借口。不过,上述的9种借口是他们使用频率最高的。

你正在为自己的作为小、地位低而烦恼不已吗?那么,先不要抱怨别人、抱怨领导。静下心来,反求诸己:你是不是借口不离嘴,你是不是喜欢用以上一些托辞为借口?如果是,那就坚决地从自己的口中彻底地删除它们。把精力集中在行动上,集中在找方法解决问题上。坚持下去,你会意外地发现,自己不仅会有大的作为,而且还会获得意外的成功。

不要找个借口逃避责任

一旦养成了逃避责任的心态,就会不断为自己的错误寻找借口,这样做只会使你越来越失败。只有从错误中吸取教训、更加努力地工作,才能让你越来越成功。

三成圣是某外贸公司的采购员,一次他和泰国客商签完了订货单后,泰商又向他展示了一款草编凉帽,样式优美别致,夏季一定会受到女士的青睐。王成圣非常想订下来,但他却发现自己犯了个错误:他没有一次性在账户里存入足够的钱。他的主管是个非常严厉的人,该怎么向上司要钱呢?他找到主管简单地说明了情况,并承认了自己的失误,出乎意料的是,主管没有责备他一句,还很干脆地给他提供了一笔资金。后来草帽果

别让借口害了你

然卖得很火,王成圣因此受到表扬。王成圣找到主管,他想知道,为什么主管愿意帮助他。主管严肃地说:"因为当时,你只是很干脆地说'我错了',没有推卸责任,没有找借口,因此我相信你一定会把事情做好!"

面对自己的失误,王成圣没有找借口推脱,而是勇敢地承认了自己的错误,结果他得到了主管的信任。承认错误就代表你会努力改过;而推脱责任,则表示你还要继续粉饰你的错误。借口推脱的习惯,会把你推到失败的边缘。

每个人都可能出现失误,如果你能够大声地说:"我对这件事负责!"然后再想办法补救,别人就会对你信心大增;相反,如果你只是一味地逃避责任,用诸多理由来为自己卸责,渐渐的,你就会陷入一种恶性循环:借口—失败—借口,逃避—懦弱—再失败,悲哀地陷入万劫不复的困境。

我们可以从以下两个事例中,看看借口推脱的习惯给人带来的影响:

3个月试用期的第一个月,陆小云所在的销售部门就出了一起责任事故:因为错过了发货的最佳时机而给公司带来了2万元的经济损失。损失虽然不大,但按照公司的规定,是要追究责任的。

在处理这件事的会议上,陆小云客观地分析了发生这次事故的原因,主动承担了自己应该承担的责任,并且对以后如何避免这种情况的再次出现提出了自己的意见。

陆小云积极的态度赢得了公司领导层的信任。所以他顺利结束了自己的试用期,也为自己在公司的下一步发展奠定了良好的基础。

任小伟做事干练果断,有一股子冲劲。到这家中德合资公司上了半个月的班后,经理让他参与一个大客户的签单,意图很明显:给他历练的机会。

签单前,对方征询任小伟这方对项目还有何建议。其他人都摇头,只有任小伟站起来发表意见,指出对方在协议书上的多处纰漏,其实这些小纰漏并不会给公司带来不良影响,而且他的语气很尖锐,让对方代表几乎都坐不住了，最后大家不欢而散。

任小伟出言不慎，致使谈判失败，经理非常生气。

事后，任小伟找到经理为自己百般找借口，说自己指出协议书的纰漏是为公司着想，并没有犯错；自己语气尖锐是因为对方有意欺骗公司，自己对对方的行为非常气愤……经理更加生气，当即宣布任小伟结束试用，提前走人。

初入职场的新人，犯错不可怕，可怕的是不能正确认识错误。如果你是因为业务不熟悉而犯错，除了承认之外，向部门领导和"老同志"多多请教是最好的办法。如果因你而失去了客户，这时你更要诚恳地检讨自己的言行，承认自己的错误。千万不要犯了错误还拼命找借口，那样人家就该怀疑你的人格了。

英国人哈罗德·埃文斯曾经说过这样一段话："对我来说，一个人是否会在失败中沉沦，主要取决于他是否能够把握自己的失败。每个人或多或少地都经历过失败，因而失败是一件十分正常的事情。你想要取得成功，就必须以失败为阶梯。换言之，成功包含着失败。关于失败，我想说的惟一一句话就是：'失败是有价值的。'

"正因为如此，我才敢于对自己的失败负责。这么说，并不是指我必须受到责备，也不是指我会承认自己有罪。不，失败从来就不是什么罪行。而我敢于对自己的失败负责，只是表示承认这种失败是由于我个人的原因而造成的。这也是一种责任心。如果我千方百计地为某次失败寻找各种各样的解释，如果我绞尽脑汁地试图证明某次失败是正当的，或者，如果我觉得失败是有害的，我就会失去这种责任心。一旦失去了这种责任心，我就无法取信于人，甚至无法取信于自己了。而一旦容纳自己的失败，我就会变得比失败更强大。"

任何一个人在追求人生胜局时，必然面临挫折，从挫折中汲取教训，是迈向成功的踏脚石。真正的失败是，犯了错却到处找借口为自己辩解，而不去分析失败的原因，并从中汲取教训。

别让借口害了你

不找借口，挑战自己

面对困难的时候，我们常常退缩，借口是困难太大；面对竞争，我们常常逃避，借口是对手太强；面对责任，我们常常推卸，借口是担子太重；面对坎坷，我们常常止步不前，借口是走好太难。不错，人生给了我们很多很多难题，而我们用以逃避的借口也太多太多。

借口把绝大多数的人挡在了成功的大门之外，99%的失败都是由于爱找寻借口。所以在追求成功的过程中，最重要的是不找借口，找方法。

在心理学上，经常会提到这个案例：

有一家企业，专门生产各种鞋。某一年，这家企业生产出了新款的鞋子，派了两位销售人员到非洲去做市场调查，看当地的居民需要不需要这种鞋子。

经过一段时间，这两个销售人员都将报告呈给企业总部。A 说："经过考察发现，这里无法开拓市场，因为这里的人习惯于不穿鞋子。"而 B 说："经过考察发现，这里是一个巨大的市场，因为这里的居民都还没有穿鞋子，只要我们能够刺激他们想要的需求，这里的潜力将是不可估量。"

俗话说："你若不想做，会找到一个借口；你若想做，会找到一个方法。"工作不顺利的时候，人们常常会找种种借口，有人认为是他人故意刁难，把不可能完成的工作交给自己去做；有人认为最近身体不太好，才导致工作效率不高……

不要为你的放弃找借口，不要为你的失败找借口。如果你没有机会，没有人帮助你，没有人支持你，没有人拉你一把，没人告诉你出路。如果你有决心，有毅力，愿意动脑筋，你就会找到一条通向成功的路。

第11章 要作为，借口就要少一点

根据心理学观察发现，如果内心里不想做某件事，就会以种种借口来应付。但是当人们用借口来应对一件本来可以轻而易举完成的事的时候，也许成功就被借口阻挡在了门外。

要想成功，就要为力所能及的事去努力，遇到困难就要想尽一切办法克服，遇到自己力不从心的事，也不要去刻意勉强自己，而是想办法获得帮助。

无论是能做到的事，还是不能做到的事，都不要找借口作为自己的挡箭牌。所以，成功的人善于在遇到问题的时候找方法，而那些很难走向成功的人则不喜欢动脑筋思考和动手做事，会找各种借口为自己开脱。

日本松下集团的创始人松下幸之助，是一个从不找借口的人。他这样要求自己，也这样要求他的员工。他不允许员工为工作上的失误找各种借口。如果员工们错了，就要求他们承认自己的错误，总结经验，然后改进，最终把事情做好。

松下幸之助认为一个只会为自己的失误和错误找借口的人是没有多大价值的，这样的人很难积极努力地去工作。松下幸之助把自己用来找借口的时间都用在寻找解决问题的办法中，因为他知道找再多的借口，问题也不会解决。

就是这样的态度和这样的做法，使得整个松下集团从上到下都很少有人找借口做事效率极高，所以它成为日本的精英企业并不为奇。

所以，要想成功，就不要为自己找借口，哪怕是看似合理的借口，只有这样我们才能强化完成任何一项工作的理念。不自己找借口，实际上是挑战自己，是为自己寻找走向成功的阶梯。

● 别让借口害了你

只有义无返顾才会成功

有一次，凯撒大帝率领他的军队渡海作战，登岸后他决意不给自己的军队留任何退路。

他要他的将士们知道，这次作战的结果，不是战胜就是战死，于是在将士们的面前，把所有的船只都烧毁了！

和所有名将一样，凯撒具有在最后关头拒绝借口、断绝后路、义无反顾的魄力，所以创造了一番惊天骇地的大作为。

在美国卡托公司的新员工录用通知单上印有这样一句话："最优秀的员工是像凯撒一样拒绝任何借口的英雄！"

世上没有毫不费力就可以创造的成功。假如一个人想找100个借口，那么他就能找100个甚至比100个还要多的借口。这样，他表面上得到了安慰，但他将无所作为，一事无成！

卓越的人拒绝借口，断绝一切后路，倾注全部的心血于自己所追求的目标中，抱定任何阻碍都不能使自己向后转的决心，义无返顾，全力以赴，务求目标之达成。

随着"神舟五号"和"神舟六号"的成功发射，航天事业让许多人神往之至。但这神圣的事业中也蕴藏着许多艰险与困难。

"全国五一巾帼奖"获得者胡淑芳，是上海华东理工大学高分子材料系的高材生，毕业后投身于航天事业，后任中国航天科工集团6院46所科研处处长。

当时，46所地处山沟，远离繁华的闹市，被人们称为"三线"，生活、生产条件相当艰苦。每年春天，内地早已是蝶飞蜂舞、绿草茵茵，而46所还是风沙漫舞、遮天蔽日。许多和胡淑芳一起来的大学生工作不久，

第11章 要作为，借口就要少一点

就想办法跳槽，回到大都市，而胡淑芳却义无反顾，下定决心扎下根干一辈子。

组织上分配胡淑芳搞固体火箭发动机绝热及防护材料研究。行内人都知道，搞发动机特种材料研制的工作环境十分艰苦，对年轻的女同志来说甚至有些"残酷"。各种化学材料在混合的过程中散发出来的刺鼻气味，即便带上厚厚的防毒面具也总把人熏得头昏脑涨，工作一天下来没有一点食欲。尤其是处理比发丝还细的玻璃纤维，无论领口、袖口扎得多严实，空中飘浮的玻璃纤维都会钻入工服内，引起皮肤难以忍受的刺痒。

但胡淑芳没有退却，她虚心向老同志学习，不畏艰苦地反复实践，专业技术水平提高很快，工作五六年就成为所里的技术骨干和多项课题组组长。

1995年，胡淑芳开始担任46所固体火箭发动机特种材料研究室主任。有一次，胡淑芳承担了一项总装备部某重点型号发动机绝热材料与发动机衬层和壳体的粘结研究课题。胡淑芳带领课题组的同志们忍受着细纤维令人难以忍受的刺痒，经过上百次的试验获得了可靠的材料性能适用范围。要攻克材料在发动机壳体上的粘接技术难关，必须在模拟高湿温环境下进行试验，试验室里浓重的溶剂味道又熏又呛，令人头晕恶心，浑身乏力，但胡淑芳常常是一钻进实验室就是整整一天，终于圆满完成了任务。

为了自己执着追求的事业，胡淑芳以女性的柔弱之肩勇挑重担，以巾帼不让须眉的气概奋战在攻关的前沿。在国外留学深造的丈夫心疼她，多次商量着要胡淑芳和女儿去日本陪读。可胡淑芳没有一丝犹豫地要求丈夫回来，断绝了自己本可漂洋过海享受悠闲自在日子的后路，没有任何怨言和借口地投身到航天事业。

10多年来，胡淑芳承担国防科工委、中国人民解放军总装备部、集团公司、院、所级多项课题，负责研制成功6种新材料，其中获国防科工委科技进步二等奖和航天部科技进步二等奖共4次。

胡淑芳的杰出作为给自己赢得了声誉和地位。1998年，胡淑芳被中国人民解放军总装备部授予"先进个人"荣誉称号；2000年被评为航天科工集团"杰出女职工"；2001年被评为"全国国防工业劳动模范"，被航天科

别让借口害了你

工集团确定为"高层次航天接力计划培养对象""跨世纪人才培养对象""学术技术带头人"。

有些人为达成胜利的目标而义无返顾、勇往直前的精神,人才会拥有超人的战斗力。胜利就是目标,为了目标,他们没有任何借口,斩断后路,锲而不舍,没有抱怨,没有畏惧,没有退缩,从而创造了超越常人想象的业绩。他们是当今任何组织员工应学习的榜样。

最可悲的是那些抱有借口浮游徘徊的人,他们也很想上进,也很想有一番作为,但是他们因缺乏魄力和决心不会断绝自己的退路,更没有义无反顾的气概,所以他们不能使自己像火箭一般地直飞目标。

多一个借口,就多一条退路,多一条退路,无形中会减轻一个人应负起的责任;多一条退路,更会减杀一份攻克困难的决心和毅力。一个人的借口越多,他的责任心和决心就会越小。大的作为要靠义无反顾的决心和不达目的誓不罢休的毅力去创造,所以借口和退路会使一个人陷入无所作为和平庸的泥潭而不能自拔。

只有拒绝一切借口,断绝一切退路,才能自己将自己逼上奔赴事业成功的康庄大道!

多想"现在",少借口"明天"

众所周知,做事拖拉是一个坏毛病。如果你是一位领导,你肯定不会喜欢做事拖拉的员工,而且讨厌总爱找借口拖延工作的人。然而,我们很多人自觉不自觉地形成了做事拖拖拉拉的坏习惯,染上了到处找借口拖延的坏毛病。

很多人都有一种不良的习惯——拖延时间,这种现象非常普遍,以至于看见或者发生时都不以为然了。

第11章 要作为，借口就要少一点

不管怎么说，不管你有什么样的借口，拖延时间始终是一种极其有害的恶习。拖延时间不仅影响了做事效率，而且毁坏了自己的形象。如果你处于一个团队之中，你在拖延时间的同时，无形中拖延了团队的进度，那就太过分了。

人之所以喜欢拖延，原因有很多，主要原因是惰性使然，缺乏信心，缺乏责任感，没有安全感，害怕失败，无法面对一些具有挑战性或者艰难的事。人的潜意识是很奇妙的，它常常也会导致人们拖延。有些人意识到自己该做些什么事情，但是由于心里还在犹豫，就无法去做。有的时候是因为潜意识中对做某件事情感到恐惧，迟迟不敢去做。

停止拖延的最好方法是，不再找借口，立即行动。只要有了想法，就赶快行动起来。如果中途遇到问题，再想办法慢慢解决。如果你不立即行动，可能连遇见问题的机会都没有。

大多数人都不缺乏想法，缺乏的是行动能力。想法还没开花，其实已经凋谢。伴随着想法的是种种消极与不可能的思想。甚至想来想去，越想越失望，越想越恐惧。甚至就此不敢再去想，更不敢轻易地去行动，每天唱着随遇而安的歌，过着乐天知命的日子。这也是为什么习惯于拖延的人，习惯于找借口的人，大多数都是不成功的人的原因。

拖延随处可见，有一个幽默大师曾说："每天最大的困难是离开温暖的被窝走到冰冷的房间。"他说的话没错，每个人都有切身的感受。早上准时起床是很多人一天中最挣扎的事情，在起与不起之间摇来晃去。如果你认为起床是一件不愉快的事，它就真的变成了一件不愉快的事。其实，起床的动作是多么的简单，揭开被子，坐起来而已，但是很多人对起床感到恐惧。

心理学家认为，立即行动，是走向成功的必要条件，而"明天再说""后天看看""下个礼拜去一趟""以后可能还有机会""将来政策一变"或"有一天也许"，往往就是失败者最常用的拖延的借口。有些人很有想法，但是最终没有实现，只是因为在他应该立即行动的时候，却等着将来有一天再去做。

杨杰是一个小公司的职员，每个月的收入是3000元，但是每个月的

别让借口害了你

开销也刚好差不多2000多元,如果不节省的话,根本剩不下什么钱。杨杰很想存点钱,但是往往会找些借口,使存钱计划无法开始。他总是说:"我下个月可能会加薪,加薪以后就马上开始存钱""我们还有几年的分期付款,等到还清以后就开始存钱""最近花钱的地方比较多,等过完这一阵子就开始存钱""明年吧,明年就好了,等明年一定要存钱。"结果呢,好几年过去了,杨杰依然是个月光族,没有一点存款。

后来杨杰结婚了,娶了一个名字叫沙利的女孩。女孩每天听着杨杰的计划,但是始终不见杨杰行动。她不想让杨杰再拖了,决定立即行动。

她对杨杰说:"亲爱的,我想问你一句,你到底要不要存钱?"

杨杰说:"当然要啊。但是你看我们现在也没有什么结余啊!"

沙利说:"你想要存钱已经想了好几年,由于一直认为省不下钱才一直没有存款,从现在开始,你要改变这种思想,我们可以从一点一滴开始。如果你真想存钱,就从薪水里拿出一部分存起来,这一部分只可以储蓄,不能用作其他。我们可能在衣食住行的质量上有所下降,只要你坚定信心,我们一定可以做到的。"

在沙利的劝说之下,杨杰决定立即行动。为了存钱,起先几个月他们吃尽了苦头,尽量节省,才留出这笔预算。但是,几年之后,他们觉得存钱跟花钱一样有意思。

那些喜欢拖延的朋友们,请记住本杰明·富兰克林的那句话吧:"今天可以做完的事,就不要拖到明天。"

爱尔兰女作家玛丽·埃及奇沃斯说:"没有任何时刻像'现在'这样重要,不仅如此,没有'现在'这一刻,任何时间都不会存在。没有任何一种力量或能量不是在现在这一刻发挥着作用。如果一个人没有在现在采取果断的行动,以后他就再也没有实现这些愿望的可能了。所有的希望都会消磨,都会淹没在日常生活的琐碎忙碌中,或者会在懒散消沉中流逝。"

翻开那些名人传记,你就会发现,功成名就的那些人,都是珍惜时间、不找借口的人。可以说,找借口,借故拖延,是走向成功的绊脚石。

你的想法决定了你的行为,你的行为决定了你的明天。如果你时时想到"现在",就会完成许多事情;如果你常常想到"明天",就注定一事无成。

一心找办法,你就没有借口

"在当今社会上,到底什么样的人最受欢迎呢?"这是每一位对自己的前途和命运负责的人最关心的问题。不了解这一点,一个人人生的发展就会受到很大制约,要走很多的弯路;弄清楚了这一点,也就找到了快速成功的"金钥匙"。

卢小林在一家装饰材料公司当业务员。当时公司最大的问题是如何讨账。产品不错,销路也不错,但产品销出去后,总是无法及时收到回款。

有一位客户,买了公司8万元产品,但总是以各种理由迟迟不肯付款,公司派了3批人去讨账,都没能拿到贷款。

卢小林刚到这家公司开始上班,董事长就派他和另外一位姓方的员工一起去讨回那8万元的账。他俩软磨硬磨,用尽了办法。最后,客户终于同意给钱,叫他们过两天来拿。

两天后他们兴冲冲地赶去,对方给了一张8万元的现金支票。

他们高高兴兴地拿着支票到银行取钱,结果却被告知,账上只有79910元。很明显,对方又要了个花招,给他们的是一张无法兑现的支票。第二天就要元旦放假了,如果不及时拿到钱,不知又要拖延多久。

卢小林绞尽脑汁寻找应对办法。突然灵机一闪:他拿出100元钱,让同去的小方存到客户公司的账户里去。这样一来,账户里就有了8万元,他立即将支票兑了现。

当他带着这8万元回到公司时,董事长对他大加赞赏。之后,他在公司不断晋升,到2001年时当上了公司的副总经理,现在成为这家颇具规

别让借口害了你

模公司的总经理。

与卢小林形成显明对照的是一名叫姜丽霞的漂亮女员工。

姜丽霞2005年毕业于东北某所重点大学,才干学识不错,形象也很好,所以很顺利地成为了北京某机关单位的职员。

刚开始上班时大家都对她印象不错。但没过几天,她就开始迟到,办公室领导几次向她提出,她总是找这样或那样的借口来解释。

一天,领导安排她到清华大学送一批材料,要跑3个地方,结果她仅仅跑了一个就回来了。

领导问她怎么回事,她解释道:"清华好大啊。我都在传达室问了几次,才问到一个地方。"

领导生气了:"这3个单位都是清华著名的机构,你跑了一下午,怎么会只找到这一个单位呢?"

她据理力争:"我真的去找了,不信你去问传达室的人!"

领导心里更有气了:你自己没有找到单位,还叫我去核实,这是什么话?我有时间去问还用派你吗?

其他员工也好心地帮她出主意:你可以找清华大学的总机问问3个单位的电话,然后分别联系,问好具体怎么走再去;你不是找到了其中的一个单位吗?你可以向他们询问其他两家怎么走;你还可以在进去之后,主动地向学生们问路……

谁知她一点也不领情,气鼓鼓地说:"反正我已经尽力了……"

就在她说这句话的那一瞬间,领导下了辞退她的决心:既然这已经是你尽力之后达到的结果,想必你也不会有什么更大的作为了。那么只好请你离开这里了!

以上案例中所说的两个人,其实很具有代表性:卢小林遇到棘手的问题,首先想到的不是寻找借口,而是尽全力想办法解决。与此相反,姜丽霞尽管面临的问题很简单,但仍然找借口不做好或根本不去做,找理由为自己辩护。

解决问题的办法都是想出来的,处心积虑寻找借口的人,是不会有

第11章 要作为，借口就要少一点

时间想办法的。哪怕有现成的办法摆在他面前，他也不会积极地使用这个办法。

工作中遇到难题，是想方设法找办法解决呢，还是寻找各种借口和理由搪塞，为自己和无所作为辩护呢？享誉全球的日本松下公司的标语牌上有这样一段话：

"如果你有智慧，请你贡献智慧；
如果你没有智慧，请你贡献汗水；
如果你两样都不贡献，请你离开公司。"

这个标语牌其实将人划分为三个层次：

第一个层次：具有敬业精神并积极找方法的人。他们拥有智慧并乐于奉献智慧，这份智慧必然会使他们取得大的作为，给组织创造效益。

第二个层次：敬业但是缺乏方法的人。他们能够也只能奉献自己的汗水，这种人组织也需要，但不会重用他们，所以不会有大的作为，他们自身不会有太大的发展。

第三个层次：既不去找方法又不敬业的人。他们什么也奉献不了，无所作为，更可怕的是他们会寻找各种借口将自己一无所成合理化，所以他们最终的结局只能是失败。

概括地说就是：一流人才敬业又找方法；二流人才只敬业；末流人只找借口。

身处竞争激烈的现代，谁也不愿意成为被淘汰出局的末流人；任何人都想成为备受器重，前途无量的一流人。那么，请牢记一句话，并在工作实践中身体力行："只为作为找办法。"

拒绝借口、主动找办法的人永远是对的，他们在组织中创造着主要的效益，是当今最受器重的人！

别让借口害了你

立刻行动，在执行中收获成功

很多人都想成就一番伟业，但往往多数人都事与愿违，如愿者寥寥无几。这里除了机遇、胆略、资金因素外，更重要的是大多数人一直处于思考、梦想、迟疑状态，从而习惯性地犹豫不决，因此，错过了无数良机，这样一晃，可能就是一生。那些少数的如愿者，不仅有思考的能力，而且还是不找借口、积极行动的巨人。

立刻行动起来，不要有任何的耽搁。要知道世界上所有的计划都不能帮助你成功，要想实现理想，就得赶快行动起来。成功的道路有千条万条，但是行动却是每一个成功者必须要付出的，行动也是通向成功的捷径。

20世纪70年代，美国有一个叫法兰克的年轻人，由于家境贫困，到芝加哥寻求出路。法兰克在芝加哥繁华的大街上转了好几圈，还是没能找到一份工作，于是只能买把鞋刷给别人擦皮鞋。

半年后，他用微薄的积蓄租了一间小店，打算一边卖雪糕，一边擦皮鞋。后来雪糕的生意越做越好，他干脆不擦皮鞋了，专门卖雪糕。

现在，法兰克的"天使冰王"雪糕已拥有全美70%以上的市场，在全球有60多个国家超过4000多家的专卖店。

说来也巧，有一个叫斯特福的年轻人，与法兰克几乎同时到达芝加哥。斯特福的父亲是一位富有的农场主，斯特福上了大学，还获得了研究生学历。就在法兰克给别人擦皮鞋的时候，斯特福住在芝加哥最豪华的酒店里进行市场调查，耗资数十万美元。经过一年的周密调查，斯特福得出的结论是：雪糕的市场前景很可观，进入必有巨大收益。当斯特福把结果告诉父亲时，遭到了强烈反对，因此，他的想法没能付诸行动。后来，他又经过一番精确调查，得出的结论还是卖雪糕的生意好做。几年后，他终

第11章 要作为，借口就要少一点

于说服了父亲，开了自己的雪糕店。而此时，法兰克的雪糕店已经遍布全美，几乎覆盖了整个美国的市场份额。最终，斯特福只能无功而返。

看到这里，我们不得不为法兰克那种果敢的行为而啧啧称道。他的成功和斯特福的"无功而返"比起来，其实差别就是"想"与"做"的差别。虽然斯特福也看到了雪糕的市场，但他没能把握时机，在关键时刻没能行动起来，行动是一个人敢于拯救自我、改变现状的标志，同时也是一个人能力有多大的证明。那些能成大事者大多都是因为他们勤于行动和善于采取行动。

有一位科学家曾做过这样一个实验。在一个只有窗户打开的半密闭式的房间里，把6只蜜蜂和同样数目的苍蝇装在一个玻璃瓶中，然后把瓶子平放在桌上，瓶底朝着窗户。

然后，他观察蜜蜂与苍蝇会有什么样的举动。

科学家发现，蜜蜂是不紧不慢地在瓶底排徊着，当出不去时就停留在那里，直到力竭倒毙或是饿死；而苍蝇却是不停地在瓶子里"横冲直撞"，不到两分钟，这些苍蝇就穿过另一端逃离了瓶子。蜜蜂以为，囚室的出口一定在光线最明亮的地方，所以在这里一定会找到出口。于是，蜜蜂就不紧不慢地行动着，而等待它们的结果就是死亡。而苍蝇成功地逃离瓶子，并不在于它们具有什么特长，而是它们懂得如何行动。

其实，故事中的瓶子就像现在的职场，而蜜蜂就是那些"等待机会"的失败者；苍蝇就是那些"立刻行动"的成功者。现在这个竞争激烈的职场，容不得半点迟疑，即使你只比别人慢"半拍"，机会也会"拱手相让"，而你等来的只能是无尽的自责和悔恨。

尽管无数人都拥有卓越的智慧，但很多人因为这样和那样的借口而迟于行动，只有那些懂得如何执行的人才能够获得成功。无论你的梦想有多么伟大，如果没有付诸行动，就永远不会获得成功；不管你有多么平凡，只要你在确定目标后，毫不迟疑地行动起来，总有一天成功会到来。

成功者必是立即行动者。对于他们来讲，时间就是生命，时间就是效

别让借口害了你

率，时间就是金钱，拖延一分钟，就浪费一分钟。只有立即行动才能挤出比别人更多的时间，比别人提前抓住机遇。现代生活的节奏是快速的，每个人都加足马力往前冲，如果你还想歇歇，你只能等待被淘汰，危机意识要求人们加快行动的步伐，不能掉队。

第 12 章
这样做，就能消除借口的顽疾

Chapter 12

　　人会因为借口拖延，会因为借口撒谎，会因为借口失败，所以，我们要戒除那些有危害的借口。消除借口是一个心理校正的过程，要从根源上做起。爱找借口的原因是多样的，所以，消除借口的方法也是多样的。

战胜爱找借口的自己

很多人明白，遇事找借口推脱是不对的，也想改正这一恶习，但是遗憾的是，很多人始终改变不了爱找借口的习惯。这是什么原因呢？原因就在自己身上。人生最强大的对手是谁？不是别人，而是自己。

人这一生，总是要不断地调整和适应自然环境、社会环境、家庭环境。人生如战场，勇者才能胜。从生到死的过程中，所遭遇的许多人、事、物都是战斗的对象。

心理学家告诫我们：战胜别人首先要战胜自己。我们不得不承认人性的弱点。在人的一生中，最重要的是能进行自我反思，给自己战胜自己、超越自己的机会。

我们常看到有的人想认真学习，努力工作，却战胜不了自己的散漫和懒惰，总是会找出种种借口。

成功的人生要懂得战胜，战胜了懒惰，你就会勤奋；战胜了骄傲，你就会谦逊；战胜了固执，你就会协调；战胜了偏见，你就会客观；战胜了狭隘，你就会宽容；战胜了自私，你就会无私；战胜了借口，你就会成功。如果说借口也是人性的弱点，那么不找借口就是人性的优点。

美国著名心理学教授丹尼斯·维特莱把人性的优点称为良好的精神准备。他指出：有无良好的精神准备，或是打开成功之门的钥匙，或是封闭成功之门的铁锁。

因此，不让借口出现，首先要战胜自己，因为最强大的敌人不是别人而是自己。自己肯定自己，是一种灵魂的提升；自己征服自己，是一种意志的胜利；自己控制自己，是一种理智的成功；自己改变自己，是一种心理的调适；自己战胜自己，是走向成功的必经之路。

莎士比亚曾说："假使我们自己觉得自己卑微如泥土，就真要成为别

别让借口害了你

人践踏的东西了。"其实，别人认为你是哪一种人并不重要，重要的是知道自己是哪一种人；别人如何打败你也并不重要，重点是你是否已经把自己打败。很多人借口漫天飞，关键是没有很好地认识自己，所以，要想改变这一现状，就要勇敢地向自己宣战，战胜那个爱找借口的自己。

自我宣战体现了自我实现的高级需要。在汽车拉力赛中，几乎在每场比赛中，都会目睹"人仰车翻"的镜头，但是车赛却年复一年地举行。有很多人热衷于那些强刺激而又十分危险的运动，他们为什么跟自己过不去？其实，心理学家马斯洛的"不需要层次"理论，已经给我们揭示了这种特殊活动背后的心理原因。

马斯洛认为：自我实现是人的最高层次的需要。所谓自我实现的需要，是指正常的人都需要发挥自己的潜力，表现自己的才能。潜力、才能充分发挥出来，人才会感到最大的满足。

自我宣战，是不甘于现状的一种表现，是要发掘出一个全新的自己。一位哲人说："评价一个人的成就，不仅要看其提供了多少东西，还要看他提供了多少新东西。"全新的自己，有所作为，这正是人在追求的。

虽然我们无法避免在追求成功的路上遇到荆棘与挫折，但是如果你将这些荆棘与挫折都当做借口的话，疲劳将始终纠缠着你，失败将始终笼罩着你。其实，只要我们的内心更加坚强一些，强大到可以战胜自己内心的弱点，那么，借口就会远离，成功也就不远。

有一个学习成绩优秀的青年，去一家大公司应聘，结果被通知没有被录取。这位青年得知这一消息后，深感绝望，想不到在大学里处处优秀的他，怎么会没有被录取，顿有轻生之念，幸亏抢救及时，才保住了性命。

过了几天，那家大公司又打来电话，说他被录取了，他的面试成绩非常突出，是统计的时候，电脑出了差错，这名青年欣喜若狂，摩拳擦掌，准备到这个公司有一番作为。

但很快大公司又打来电话，说该公司不准备录取他，理由是他们听说了这个年轻人的自杀行为，觉得他连如此小的打击都承受不起，又怎么能在今后的岗位上有所作为。

案例中的这个青年,虽然在学习上击败了一些对手,可他的心理承受能力太差,没有打败自己心理上的敌人。

当然,战胜自己不是一件容易的事,它需要很大的勇气与坚定的信念。想一想,你战胜自己的次数多呢,还是纵容了自己的时候多呢?从你找借口的次数中多少能做一个评判。

如果工作不顺利,就找种种借口,认为是领导故意刁难,同事们排挤的结果。其实是自己想偷懒,却把偷懒理由正当化,认为离完成任务的时间还有不少时间,可以放纵一下自己,即使只剩三天,还会安慰自己,可以明天、后天拼一下,今天可以不用那么紧张。实际上,战胜借口就是战胜那个懒惰的自己。战胜自己靠的是信心,人一旦有了信心,就会产生强大的力量。

能够不找借口的人是智者,能够战胜自己的人是强者。人与人之间,智者与愚者之间,强者与弱者之间,最大的差异就在于意志力的差异。人一旦有了强大的意志力,就能战胜自身的各种弱点,借口也就没了生长的土壤。

设立目标,你才会杜绝借口

一个人假如一心想做某事,才会全力以赴,才会杜绝借口。因为当一个人在为目标奋斗时,会一直想着成功,想着通向"成功"的方向,就不会接受任何借口,借口的负面作用就会减弱甚至会丧失,让他只沿着目标前进。

很早以前,皮色纳四周都是茫茫沙漠,几乎和外隔绝,如果凭着感觉往外走,皮色纳最有经验的沙漠旅行者,也只会在沙漠里转圆圈——他永远不会走出这个地方。因为这个地方只能进不能出,所以,皮色纳的人很

别让借口害了你

少有人走出去过，这里也成了一个与世隔绝的世界。

在一段时间以来，人们都曾试图结伴走出皮色纳，但是，只要走出去不久，分歧就出现，他们会因为向哪个方向进发进行争论：有的说应该沿着西边，有的说应该朝着雄鹰飞翔的方向走，还有的说应该相信他的感觉……再加上沙漠里的高温，很多人想打退堂鼓了，于是，这些人就相互指责方向的判断是错的，这也成了他们无功而返的借口。"不是他方向判断错误，我们早就走出去了。"人们相互这样指责。

后来，一个人建议说：你们只要在北斗星的指引下，就会成功地走出大漠，走出皮色纳。

人们听从了他的话，一群人沿着北斗星的方向前进。半途中，有人开始质疑，说出自己对方向的判断，但这个人坚定地要求他们沿着北斗星的方向前进。

就这样，人们不再争论，虽然行路很艰苦，但他们也不再找任何借口，只沿着北斗星的方向前进。最后，他们找到了通往外面的路。

之前走不出皮色纳，是因为方向太多，目标太多就没有目标了，因而借口就很多，所以走不出去。有人建议沿着北斗星的方向走就可以了，原因是有目标了，人们的执行力都放在一个目标上，借口就少了。

目标往往是借口的终结者，坚定了一个目标，就会少很多推辞的理由，借口也就少很多。

TC集团总裁布鲁克有这样一个习惯：他把近期要实现的目标写在卡片上，然后放在上衣口袋里，每天按照卡片的记录去完成一些事。

因此，人们总会看到在布鲁克在口袋里装满了写上目标的卡片，当他每实现一个目标，就取出那张卡片，布鲁克年轻的时候就这样做了。所以，人们见到的总是一个在做事的布鲁克。

很多人向布鲁克请教成功的秘诀，但当人们听了布鲁克的方法时，大都不以为然。

布鲁克有一位朋友是做保险的，但因为喜欢找借口，失去了很多优质客户。和其他人不同的是,他非常相信布鲁克的秘诀,因此,试着按照布鲁克的做法,在每个月初,将自己的推销目标写在卡片上放在口袋里,然后不找任何借口去现实。

"你获得了什么样的结果呢?"一段时间之后,有人问他。

他回答说:"之前,我要出门寻找新客户的时候,只要遇到刮风下雨的天气,我会对自己说:'还是不去了吧,业务不是那么容易推广的,这次可能会无功而返。'于是,我就会呆在公司上上网,和朋友聊聊天。现在呢?每当遇到这样的情况,我会拿出口袋里的卡片,因为上面写着:'上午10点,去某某地拜访某某女士。'我就会义无反顾地前往,借口自然就没有了。你能相信吗?因为没有借口,营业额比原先增加了一半。"

布鲁克的方法让他朋友的业绩得到了巨大的增长。其实,方法很简单,就是事先设定目标,然后没有任何借口地完成它。可见,消除借口并不是那么难。如果研究一下世界上的一些成功者,可以发现他们在做事前都会有一个明确的目标,他们会沿着目标去做,此时任何借口都站不住脚,都会给目标让路,直到实现目标。

为消除借口设定目标,是界定追求的最终结果,它的作用体现在以下8个方面:

1. 目标让我们做事更有积极性;
2. 目标让我们看清自己的工作使命;
3. 目标让我们做事时分清轻重缓急;
4. 完成目标的渴望能激发我们的潜能;
5. 目标让我们有效地把握现在;
6. 目标有助于评估工作的进展;
7. 目标让我们提前规划工作和生活,预防意外发生;
8. 目标让我们快速实现工作成果。

一个人做任何事情都要有一个明确的目标,才会有奋斗的方向——这是获得正能量的诀窍。学会为自己设定目标吧,这样,你就不会再为自己找借口。

● 别让借口害了你

将服从当作职场第一执行力

狼族是动物界执行力最神速的族群。在共同捕猎时，狼王就是最高首领，狼群的一切行动都要听从它的指挥。在狼王的指挥下，每条狼都有自己的任务。对于自己的任务，每条狼都是无条件地绝对服从，即使是为了试探对手的实力而佯攻的狼也毫无怨言，即使它们很有可能因为狼群的整体利益而受伤甚至牺牲自己的生命。

作为万物之灵的人类，是否具有狼族那样的服从精神呢？试问：当上级安排一项任务让你执行时，你首先会表现出怎样的态度？

有的员工会说："好的，我一定完成任务。"然后立即行动起来，投入到执行中去。

有的员工会说："是让我做吗？好吧。"可能将任务放在一边，上级查核时才不得不做。

有的员工会借口说："这样的工作我从没做过呀，小张这方面有经验，是不是让小张做？"倘若这个借口推辞不掉，就接着寻找别的借口。

这三种态度，哪一种是正确的呢？哪一种是领导最想听到的回答呢？下面的故事也许能告诉你答案：

1898年，美国准备对西班牙宣战，为了赢得这场战争，麦金利总统和古巴起义军合作，他想尽快同卡利斯托·加西亚将军，这位古巴起义军的领导人联络上。

当时，西班牙人正全力搜捕卡利斯托·加西亚将军，当时，他正率部为独立而战，但谁也不知道他确切的消息，更不知道他在哪里。

第12章 这样做，就能消除借口的顽疾

于是，麦金利总统召见了美国军事情报局局长阿瑟·瓦格纳上校，问他到哪儿找一个信使把信送给加西亚将军。瓦格纳上校推荐了一位年轻的军官——安德鲁·罗文中尉。

一个小时之后，罗文来到瓦格纳上校跟前。"小伙子，"瓦格纳上校说，"你的任务是把这封信送给加西亚将军，他也许在古巴西部的什么地方……你只能独立执行并完成这项任务，它是你一个人的任务。"

说完，瓦格纳上校和罗文握了握手，又强调说："把信送给加西亚。"

虽然所知道的情况还不足于找到加西亚将军，但军令如山，罗文没有说什么，而是在天黑前赶到了西区牧场。在那里，罗文碰到自己方的运输队，于是要了两名士兵和三匹马，顺着这个连队的车辙前进。

随后，罗文遇到了自己方的一支侦察巡逻兵。他们告诉罗文不要再往前走了，因为前面的树林里就会有敌人。但罗文没有听，还是不顾危险继续往前走。

再后来，罗文又遇到自己方的一支骑兵巡逻队。他们告诉罗文千万不要往前走了，因为峡谷里到处都是敌人，而且他们也不清楚加西亚将军的踪迹。

但是罗文仍继续前进，最后还是找到了加西亚。

从罗文身上，可以挖掘出很多现代卓越者必须具备的优秀品质，如敬业、忠诚、自动自发，这都是执行的要素。对于执行来讲，还有一种最基本的也是最重要的品质，那就是服从。当瓦格纳上校交代完任务后，罗文绝对地服从，一个字都没有问，立即动身出发了，并出色地完成了任务，为赢得美西战争、解放古巴做出了重要贡献。

再来看看前面的3种态度，哪一种正确就不言而喻了。当领导安排一项任务时，优秀的员工会很坚决地说："好的，我一定完成任务。"

也就是说，首先要服从，无条件地服从。这是一种责任，是对工作高度负责的表现。因为只有无条件地服从，才会立即无任何借口地执行；也只有无条件地服从，才会斩断推诿和拖延的念头。

试想，当一个人第一时间服从并决定立即执行任务时，还有时间琢磨

怎样推诿甚至拖延工作吗？一旦树立起了无条件服从的责任意识，执行就会立竿见影，在这个讲究效率和速度的时代，这意味着抢占了先机，赢得了时间。从这个意义上讲，服从是第一执行力，唯有坚决地服从，才能确保执行的效果，也才能创造出伟大的业绩。

每天制定一张工作时间表

人的生命是有限时间的积累。以人的一生来计划，假如以80岁高龄来算，大约是70万个小时，其中能够用比较充沛的精力进行工作的时间只有40年，大约1.5万个工作日，35万个小时，除去睡眠休息，大概还剩下12万个小时。而生命的有效价值就是靠这12万个有限的小时发挥作用。因此提高这段时间里的工作效率，就可以压缩借口的生存空间。

时间是一块最神秘的表，它决定了任何人从主动到卓越都是一个时间的流程。善于制定工作时间表，是时间运筹的第一步，是整理时间的重要战略。而成才目标是整理时间的先导和根据。因此，需以明确的目标为轴心，为自己每天的工作制定一张工作时间表：长计划、短安排，将大目标分解成若干具体的目标，并预计完成目标的时间。

美国麻省理工学院对3000名员工做了一个调查研究，发现凡是不喜欢找借口的人都能做到精于安排时间，制定工作时间表。事实也是如此，我们很难看见一个整天忙碌的人找借口推脱，否则，他就不是一个大忙人。所以，用制定工作时间表的方法，让自己在每个时间段都有事可做，这样，就避免了借口的滋生。

根据有关专家的研究和许多人的实践经验，制定工作时间表应该注意以下几个方面：

1. 要善于集中时间

切忌平均分配时间。要把自己有限的时间集中在处理最重要的事上，不可每样工作都抓。要有勇气并能够机智地拒绝不必要的事、次要的事。一件事情来了，你首先要自问："这件事情值不值得做？"绝对不可遇到事情就做，更不能因为反正做了事，没有偷懒，就心安理得。你必须学会"剪掉"不适合自己干的事情。

2. 要善于把握关键时间

时机是事情转折的关键时刻。抓住时机可以牵一发而动全身，以较小的代价获得较大的效果，促进你的努力转化为实际效益，从而推动你的事业向前发展。错过了时机，会使到手的成果付诸东流，造成"一着不慎，满盘皆输"的严重后果。所以，成功人士都必须善于审时度势，捕捉时机，把握"关键"，恰到"火候"，赢得胜利。

3. 要善于处理两类时间

所谓两类时间是指：一类是自己控制的时间，称为"自由时间"；另一类是对他人他事的反应时间，不由自己支配，称为"应对时间"。

两类时间都客观存在，都是必要的。没有"自由时间"，就完全处于被动、应付状态，这在高度分工合作的职场是一大忌。但要完全控制自己的时间在客观上也是不可能的。没有"应对时间"，只想"自由时间"，实际上也就侵犯了别人的时间。因为你的完全自由必然会造成他人的不自由。

4. 要善于利用零散的时间

时间不可能全部集中，往往会出现很多零散时间。要珍惜并充分利用大大小小的零散时间，用来从事零碎的工作，从而最大限度地提高工作效率。

5. 要善于运用聚会或会议时间

这种时候是你与同事们沟通信息、讨论问题、安排工作、协调意见、做出决定的最好时间。会议时间运用得好，可以提高工作效率，节约你和大家的时间；运用得不好，反而会降低工作效率，浪费大家的时间。

你若想戒除借口，那就按照上面几个原则，每天制定一张工作时间表。在每天事先安排的工作时间表中，应该使自己除了能为"烫手"的项目留出额外的时间外，还能使工作有所变化并保持平衡。每天制定一张工作时间表，并用每天的行动去完成这个表，就像在办公室里应放上自己的人生目标借此提醒自己一样。即使是在干一件最小的事，心中也不忘那个制定好的工作时间表。在每天早晨就进行计划，安排好一天工作的轻重缓急。每天都有一个当天要做哪些事的清单，并将它们按重要性程度排列，然后尽可能一有时间就去干最重要的工作。为自己、也为别人都定下工作的最后期限。养成好习惯，按着"任务清单"的顺序做，绝不跳过困难的工作。

事实表明，一个人找不找借口，关键看他怎样分配时间，怎样安排时间。时间安排得满满的，在规定的时间做规定的事，这样就减少了找借口的时间和理由。

利用时间的高效运行方法可以让一个人少找借口或不找借口，可行而实用。我们每个人应该学会和利用提高时效的方法，充分开发和利用时间的价值。

让热情赶走找借口的习惯

热情，就像是我们心中燃烧的一团火焰，时刻为我们提供前行的动力，照亮我们前进的道路。可以说，一个人对成功抱有多大的热情，他找借口的可能性就越小。热情，是人们获取成功的重要因素。"魔术之王"赛斯顿在谈起自己的成功经历时，就十分看重热情这一因素。

"我幼年时期就离家出走，成为了一名流浪儿。因此，我没有受过学校教育。至于我认识的文字，也是通过观看铁路沿线的标志而学会的。所以，我的成功与正规的学校教育并没有关系。

"如果说我的成功有什么秘诀的话，那就是我懂得热情的力量。首先，当我看到魔术这一艺术形式时，我就疯狂地爱上了它。正是在这种热情的激励下，我克服了学习过程中的各种困难，成功掌握了各种技巧。同时，凭借着自己对魔术的热爱，我用心地，有时甚至是废寝忘食地改善魔术的技巧，以期望给观众带来更加震撼，更加不可思议的表演。

"其次，我懂得激起观众的热情。我知道如何在舞台上展示自己的个性，通过自己的每个手势、每种声调、每个眼神来调动观众的热情。这一切，我都会在舞台下面经过认真的演练。除此之外，我还懂得如何与观众进行交流，进行互动，以便使他们对我的魔术产生更大的热情。

最后，最重要的一点是，我懂得热爱我的观众，而这种热爱是发自我内心的。你要知道，很多魔术师在面对观众时，虽然他们脸上展现着笑容，但心里却在说：'下面只是一些没用的家伙，他们看不出我的把戏，我可以把他们骗得团团转。'我从来没有这样的想法。每当我将要上台时，我都会对自己说：'这是我的观众，我热爱他们。因为是他们使我的生活衣食无忧，我必须把自己最好的表演展示给他们。'

"就这样，我通过热情让自己收获了事业上的成功。"

"魔术之王"赛斯顿对于自己成功的见解，使我们意识到，当一个人对一件事情充满热情时，他总是不找任何借口，调动自己所能调动的所有资源来完成它。对一件事情抱有热情的人，他的行动力总是比别人快，他的做事态度总是比别人端正。由此可见，只有热情，才可以激发起每个人心中渴望成功的欲望，才可以使一个人的内心受到振奋，从而义无反顾地投身到求索的道路之中。

美国成功学大师奥格·曼狄诺曾经指出，热情的潜在价值远远超过了金钱与权势。热情对于人们来说，是一种行动的信仰。正是有了这种信仰，我们才能无所畏惧地开石进取。

心理学家威廉·詹姆斯也曾深深地赞扬过热情。他说：要想正确地评价一个人的性格，最好的观察时机就是当一个人处于热情洋溢的状态时。因为，此时他的内心深处所传达出来的声音是"我一定去做。"也就是说，当一个人处于热情的状态时，他的真实状态就会不由自主地呈现出来。因为当一个人表现出极度的热情时，这种情绪会使他摆脱习惯和惰性的束缚，从而达到对真我的刺激。

热情是使我们走向成功的基本要素，因为它可以激发我们的潜能，使我们发挥出最大的潜力。伟大的物理学家、诺贝尔奖获得者爱德华·维克多·艾伯顿爵士曾这样评价热情在成功中的作用。他说："谈到科学成功的秘诀，我甚至要将'热情'放在专业技术之前。"

如果说有些借口是惰性引起的，那么热情能驱赶人的惰性，成为借口的克星。在做事的时候，要激发出热情，这样，就会扫除借口的障碍，获得自己想要的人生。

摒弃借口，要做个诚实的人

无论是谁，一旦养成找借口的习惯，遇事就总给自己找借口，诚信度就会大打折扣，爱找借口的人不仅会被认为是不靠谱、不值得信任的人，还会变得拖拖拉拉，缺乏效率和进取精神。这样的人不可能有光明的前途。

从长远来看，"借口"发展到"谎言"就像走下坡路一样，如果不及时纠正，很快就会滑入深渊；反之，从"借口"回归"诚实"就像是在爬陡峭的山坡，虽然吃力，但是终会看见美丽的风景。诚实是一个人走向人生顶峰时自然呈现的坦诚，是一种坚韧的力量。

缺少坚韧力量的人，往往离不开虚假，离不开借口，就像没有力量走路的人离不开拐棍那样。

诚实是一种真实，需要很大的勇气，带有一种坚韧的力量。和诚实的人打交道，总是感觉特别踏实。他们的坦诚，一开始听起来可能有一点意外。听惯了假话、空话、大话、借口的人突然听到诚实的话，可能会有些吃惊，但是，谁又不喜欢与诚实的人打交道呢？

怎么判断一个人是否是诚实的人呢？诚实的人看上去非常的坦然，他的眼睛和说话的语气会让你觉得很舒服。他们可以坦诚地谈论自己的身世、处境和对事情的看法，使你感到他们毫无隐瞒，没有心机算计。最重要的是敢以真面目示人，不会用各种借口掩饰自己。

诚实与蠢笨是两个概念。其实，诚实的人比诡诈的人更放松，因而更有时间去自如地思考。诚实的人没羁绊，也不设防，也不需要借助更多的辞令、表情来解释自己，更容易让人相信。诚实的人把借口像石头一样扔得远远的，自己轻松自在。

但是有很多人不能坦诚对人，或许是因为害怕伤害到自己，或许是因为怕伤害别人，于是就遮遮掩掩，甚至找各种借口，把自己伪装起来。

其实，诚实的人大可不必伪装自己。实践证明，诚实的人比那些爱找借口的人，要受欢迎得多。比如，当你第一次面试，第一次见客户的时候，都希望将自己最好的一面呈现出来，以便能给别人一个好印象。当向别人推销自己时，将自己说得过于完美，会引起对方的不信任。其实，还不如把真实的自己表现出来，使对方更全面地了解自己，这样他会认为你是可以信赖的。

在现今这个五花八门的世界，诚实很难。但是，我们还是要尽力做到诚实。不只对他人诚实，也要对自己诚实。君子不失足于人，不失色于人，不失口于人。计较得多，你就失去得多，所以，最好以诚待人，以诚待己，这样才能收获人生中最美好的感觉。

不要认为诚实是不得已而为之，诚实是不够灵活。千万不要小看了诚实，诚实的力量是很强大的。

日本著名的企业家吉田忠雄，在回顾自己的创业历程和自己的成功经验时说，他要感谢诚实，为人处世要诚实，唯有以诚待人，才会赢得别人的尊重和信任，离开了诚实，一切都将会化成泡影，本来属于你的幸运会离你远走。

吉田忠雄创业初期，曾经在一家小电器商行里做过推销员。开始的时候，他做得非常不顺利，长时间没有什么业绩，但他并没有因此灰心丧气，而是让自己坚持下去。

别让借口害了你

　　在他的坚持之下，终于有了起色，他很顺利就推销出去了一种剃须刀，半个月内就同二十几位顾客达成了交易，但是后来他发现，他所推销的这种剃须刀比其他店里的同类型产品价格高。他该怎么办？继续心安理得地欺骗顾客，还是如实相告？

　　经过深思熟虑之后，吉田忠雄决定向这二十几位顾客说明情况，并主动要求向这些客户退还价款上的差额。吉田忠雄的这种以诚待人的做法，深深感动了这些顾客。最后，这些顾客不但没收价款差额，反而主动要求继续向吉田忠雄订货，经常买他的其他产品。这使吉田忠雄的业绩急剧上升，很快得到了老板的赞赏，公司也给了他很多的奖励，为他以后创办公司打下了很好的基础。

　　所以，做个诚实的人，你会获得更多，诚实是成功的保证。面对金钱和利益的诱惑要保持冷静，切不可心生杂念，谎言与借口满天飞，那样的话，原本属于你的可能也会不再属于你。

　　李嘉诚说过，对于富有责任心和忠诚可靠的员工，企业将会给其最大的发展机会。诚实守信是一个人最重要的素质，也决定了一个人事业的发展趋势。